AF801842

Die Kunst des Wolkenschnitts

Christian Coureau

Text und Zeichnungen: Marie-Claude Eyraud

Die Kunst des Wolkenschnitts

verstehen | erlernen | umsetzen

Mit einem Vorwort von Erik Borja
Aus dem Französischen von Sabine Hesemann

Ulmer

Eine hundertjährige
Pinus pentaphylla.

Vorwort

von Erik Borja

Manchmal bewirkt ein Zufall, dass das Leben seine Richtung ändert. Träume erwachen, die bislang durch die sozialen und kulturellen Konventionen, denen wir alle mehr oder weniger unterworfen sind, verborgen waren. So ging es mir vor mehr als 30 Jahren, als ich eine Studien- und Entdeckungsreise zu den Zen-Gärten der Klöster und Tempel in Kyoto unternahm.
Die tiefe emotionale Bewegtheit, die ich während dieses Aufenthalts verspürte, überzeugte mich davon, dass ich nun ein neues Konzept für mich entdeckt hatte: Diese künstlerischen Ausführungen, die aus der Spiritualität gespeist sind und in Wechselwirkung mit der Natur stehen, boten mir einen neuen Weg für meine Gedanken und meine Kreativität.
Ebenso wie bei mir ließ auch bei Christian Coureau nichts darauf schließen, dass er sich einmal so engagieren würde. In eine Industriellenfamilie der Leder- und Schuhbranche hineingeboren, machte er seine Ausbildung und Praktika in diesem Umfeld. Nach dem Militärdienst sollte er als Designer bei einem bekannten Unternehmen anfangen. Ich lernte ihn anlässlich eines Besuches in meinem Garten im Frühling 1989 kennen.
Seine Gefühle, die er nach dem Gartenspaziergang zum Ausdruck brachte, überraschten und rührten mich gleichermaßen. Aus seiner Kindheit auf dem Land hatte er sich eine tiefe Verbundenheit mit der Natur bewahrt und er erzählte mir offen, an welchem Punkt des Gartenbesuches sich dieses Gefühl nach Jahren des Stadtlebens wieder manifestiert hatte. Er würde seine Tätigkeit erst im September aufnehmen und so schlug er vor, mich als unbezahlter Helfer zu unterstützen und im Gegenzug eine Einführung in die Gartenkultur des Zen, insbesondere die überlieferten Schnitttechniken zu erhalten. Von Anfang an war ich davon beeindruckt, wie er sich völlig und mit offensichtlicher Freude in diese nicht immer einfache Arbeit versenken konnte. Er führte die kleinsten Arbeiten mit viel Energie und Effizienz aus, dann machte er sich mit den Stilen und Techniken des Pflanzenschnitts vertraut. Im Spätsommer entschied er sich, die Arbeit als Designer zu kündigen und stattdessen die Lehre bei mir fortzusetzen und seine Kenntnisse zu vertiefen. Die sieben Jahre währende Zusammenarbeit mit ihm war für die Entstehung meines Gartens sehr wertvoll, da er meisterlich und mit großem Talent den Baumschnitt verantwortete. Schließlich wollte er sich auf die Formgestaltung von Pflanzen spezialisieren und eine eigene Baumschule gründen. Dazu machte er eine Reihe von Studien und stürzte sich dann leidenschaftlich in dieses Abenteuer, das er seither mit Geduld und Ausdauer verfolgt.
Seit gut 20 Jahren hat die Schwärmerei für Bonsai und wolkenförmig geschnittene Bäume zu einem Massenimport von Umsatz bringenden, banalen, in Serie und stereotyp getrimmten Produkten aus asiatischen Baumschulen geführt. Für das breite, ungeschulte Publikum gedacht, bieten sie nur einen karikaturhaften Abklatsch dieser Schnittkunst, die seit 1000 Jahren in China, Japan und Korea verbreitet und noch immer lebendig ist. Im Gegensatz zu diesem oberflächlichen und kommerziellen Ansatz hat sich Christian Coureau der Tradition der japanischen Meistergärtner verschrieben. Dabei geht es nicht darum, ein Gewächs auf ein vorgefasstes Bild hin zu trimmen, sondern es in seinem Wachsen zu begleiten und es mit Respekt für seine Eigenheiten über eine lange Zeit hinweg zu schneiden und ihm Struktur zu geben, bis es schließlich seine Idealform erlangt. Bei dieser heiklen Übung sollte die technische Ausführung unsichtbar werden. Genau darin liegt Christian Coureaus Talent: Er lässt die Künstlichkeit vergessen und gestaltet jedes Gewächs als eigenständige Einheit, das an gesehene und transzendente Realität erinnert.
Um diese Kunst zu üben, muss man beseelt sein, und wenn man ihr sein ganzes Leben verschreibt, sollte man ein wenig asketisch veranlagt sein. Doch die Kunst ist eine Schule, ein Weg und kein Ziel. Und im Einklang mit der Natur opfert Christian Coureau ihr jeden neuen Tag mit der ihm eigenen Leidenschaft.

Erik Borja

Wolkenförmig geschnittene
Cupressus arizonica 'Glauca'
in Erik Borjas Garten.

Im Vordergrund eine kleine wolkenförmig geschnittene *Juniperus chinensis*, dahinter eine *Abies* sp. bei Christian Coureau.

Einflüsse und Inspirationsquellen

Die japanische Kultur

Schnittkunst ist nützlich, bietet aber auch unendliches Vergnügen. Ob nun wegen der Ästhetik oder aus Gründen der Größenbegrenzung – es ist eine rein schöpferische Kunst des Menschen. Die Regeln der japanischen Schnittkunst sind ein kostbares Wissen, das über Jahrhunderte von Gärtnermeistern zusammengetragen wurde. Diese Gärtner brillieren in der Suche nach außergewöhnlichen Formen, die das natürliche Ungleichgewicht der Bäume zeigen oder betonen. Im Wechselspiel mit der Natur macht ihre Kunst des Gestaltens und Kalligrafierens den Baum zu einem „lebenden Pflanzenkunstwerk".

In Japan ist diese traditionelle Kunst Teil der Kultur. In den Gärten gepflanzte und geschnittene Bäume schaffen gezielt perspektivische Illusionen, die den Blick auf verschiedene räumliche Ebenen lenken.

Um den Ursprung dessen zu verstehen, müssen wir bis zum Jahr 300 zurückschauen, als Japan sich den Einflüssen verschiedener Zuströme von Koreanern und Chinesen zu öffnen begann. Sie brachten neue Geistesströmungen mit, welche die Religion, die Kunst und die Lebensweise bis hin zur Gartengestaltung verändern sollten. Die japanischen Gärten wurden durch die chinesische Landschaftsästhetik inspiriert. Zu Beginn des 7. Jahrhunderts bestimmte Prinz Shōtoku Taishi, Sohn des japanischen Kaisers und ein großer Gelehrter, der der chinesischen Kultur sehr nahestand, den Buddhismus zur Staatsreligion. Japanischer Shintō-Kult und chinesischer Buddhismus vereinten ihre Götter und ihren Glauben an mythischen Orten und in Gärten. Durch die Synthese dieser beiden religiösen Strömungen wurde der japanische Garten in der Nara-Zeit geboren. Nara war während des gesamten 8. Jahrhunderts Hauptstadt von Japan und religiöses Zentrum des Shintō-Glaubens. Heute steht die Stadt auf der Liste des UNESCO-Weltkulturerbes.

Der Schintoismus trug den Aspekt des Geheiligten zur japanischen Gartenkunst bei. Mehr als eine Religion, verkörpert der Schintoismus einen Code von Respekt und Einverständnis zwischen Mensch und Natur. Dieser Kult kommt in den japanischen Gärten als Spiegel des Paradieses zum Ausdruck. In diesem Universum löst sich das Werk des Menschen auf und die Natur genießt ihre Herrschaft. Von Anbeginn beziehen sich die chinesischen und japanischen Gärten auf einen Zustand des Wohlwollens zwischen Mensch und höherer Macht. Daher werden Bäume und Steine von seltsamer Form, Berge, Flüsse und Naturphänomene als göttliche und heilige Manifestationen gesehen.

Wolkenförmig geschnittene Bäume rühren aus dieser Leidenschaft des Landes der aufgehenden Sonne für die Pflanzenwelt her. In den im Westen gestalteten Japan-Gärten tauchen sie mehr aus ästhetischen denn aus religiösen Gründen auf. Die wolkenförmigen Bäume sowie die japanischen Gärten üben durch ihre Feinheit, grafische Form und sichtbare Einfachheit eine Anziehungskraft aus, die uns in eine fremde Bilderwelt entführt. Im 19. Jahrhundert brachte Europas Vorliebe für den Osten in der Kunst den Japonismus hervor. Diese Bewegung wurde zu einer der Inspirationsquellen für westliche Maler, wie Monet, van Gogh, Gauguin und andere große Künstler, und schloss auch Gärten ein. Der Garten von Albert Kahn ist ein Beispiel für die Offenheit und Neugier im Umgang mit dem Fernen Osten. Die japanisch inspirierte, zeitgenössische Gartengestaltung von Erik Borja zeigt dazu noch ein Nebeneinander von romantischer Note und Mittelmeereinfluss. Diese Mischung von Inspirationen in manchen seiner Gartenpartien und seine sehr persönliche, künstlerische Handschrift machen seine Gärten zu einem einzigartigen Ort.

Im Herzen des Vercors lässt sich auch Christian Coureau bei seinem Ansatz von der japanischen Naturvorstellung inspirieren: Sein persönlicher Stil des Baumschnitts nimmt ohne Einschränkungen auf die grafische Natur des Baumes Bezug. Seine Kunst drückt sich in Landschafts- und Gartengestaltungen aus Steinen, Wasser, Bergen und Pflanzen aus.

Japanischer Farbholzschnitt von Hiroshige Utagawa aus der Serie der „53 Ansichten des Tōkaidō" (1855).

Gewundene Bäume mit unregelmäßiger Silhouette in der freien Natur.

Natur und Landschaften

Die Natur ist für uns lebenswichtig und schon das kleinste Kraut im Sonnenschein oder unter dem Schnee bringt uns in Verzückung. Bäume bewundern wir wegen ihrer Vielfalt, ihrer Schönheit und ihres Sanftmutes, und wir ehren und respektieren sie für die Widerstandskraft, die sie aufrecht hält, als Sieger gegen den Lauf der Zeit. Darum war es ganz selbstverständlich, dass der davon faszinierte Mensch schon in der Frühzeit instinktiv einen tiefen Respekt für die Bäume entwickelte – für ihre Größe, Weisheit und Langlebigkeit. An manchen Orten gilt ein majestätischer Baum als geheiligter Platz göttlicher Essenz, oft im Kampf gegen dunkle Bedrohungen, und wird Gegenstand der Verehrung. Ein weiterer Grund, diese Beschützer der Menschen zu ehren, treibt heute die Kämpfer für unseren Planeten an. Bäume sind Teil der reichsten und stabilsten Ökosysteme des Planeten, lebenswichtige Glieder in der Kette des Lebens, Garanten und Barometer für das Gleichgewicht ökologisch-klimatischer Prozesse und des Wasserkreislaufs.

Nadelbäume an einer Bergflanke, egal ob in Asien, Amerika oder Europa, schaffen Landschaften von überraschender Ähnlichkeit. Im Vercors-Massiv, wo Christian Coureau lebt, zeigen sie sich oft freistehend und variantenreich – und manche sogar in Wolkenform. Andere wiederum verquicken sich mit ihren unregelmäßigen, einzigartigen Silhouetten zu einem lebhaften Ensemble. Diese Bäume in der freien Natur werden durch das widrige Wetter geformt. Die Last des Schnees bricht die schwächsten Zweige; Knospen und neue Austriebe wachsen frei – wie mit der Kraft des Pinselstrichs in der chinesischen Malerei.

In der austrocknenden Sonne schälen sich Stämme und Äste auf natürliche Weise. Robuste, kräftig-gerade Stämme oder manchmal auch dünne, streben zum Licht. Sie sind bisweilen geneigt und krumm

Besonders grafische Gestalt einer Föhre, die im Vercors von den Elementen gestaltet wurde.

Oben und nachfolgende Doppelseite: Landschaft des Vercors im Südosten Frankreichs.

geschwungen, oft knorrig verwachsen. Ihre „wie mit einem einzigen Pinselstrich gezogenen" linearen Äste scheinen wie die Schwärze und Transparenz der Tinte. In der chinesischen Kultur sind diese Äußerungen und Verbindungen zur Malerei und Kalligrafie bei der Naturbetrachtung sehr zahlreich, denn die Gärtner des alten China waren Maler und Dichter.

Betrachtung eines Baumes im Vercors

Für Christian Coureau stellt der Blick auf die heimatlichen Wälder des Vercors im Westen der französischen Alpen eine unerschöpfliche Inspirationsquelle dar. An diesen wilden, einsamen Orten verfeinert und verstärkt sich die Wahrnehmung. Die Silhouetten der Bäume heben sich ab – vereinzelt oder in Gruppen, mächtig oder grazil. Das Rascheln des Windes in den Zweigen ist vernehmlicher und die Gerüche werden feiner. **Ein waches Auge**, gepaart mit respektvoller Aufmerksamkeit, eröffnet das Verständnis für die Natur. Der Baum, Zuflucht und Lebenselixir, wird auch als lebendige Skulptur aufgefasst. Die Schönheit mit allen Sinnen wahrzunehmen, dieser Ansatz leitet Christian Coureau beim respektvollen Umgang mit dem wolkenförmigen Schnitt. Einsam und einzigartig, im Überlebenskampf gefangen und von feindlichen Elementen umgeben, gestaltet der Baum sich selbst, indem er

Natürlich gewachsene Kiefer mit geschwungenem Stamm.

Die Baumschule mit einer kleinen kontemplativen Landschaft im Vordergrund.

seine Persönlichkeit festigt, die durch sichtbare Narben in seinem Holz entsteht.
Die „Vollkommenheit dieser Wunden“ erschafft auf natürliche Weise die Eigentümlichkeit, Neigung, Kraft und Schönheit dieser Krieger. Stamm und Zweige winden sich, knorrig, grafisch, verzerrt, setzen sich über die starre, langweilige Linie hinweg und lassen so bei manchen Arten spontan den wolkenförmigen Baum entstehen. In ihm materialisiert sich die ungebändigte, konzentrierte, oft unvorhersehbare Lebensenergie in Form von wolkenförmigen oder tellerförmigen Blättermassen an den Enden der Zweige.
Die Betrachtung eines solchen Baumrohlings zeigt je nach Art Unterschiede im Potenzial der Äste, Blätter oder Blütenmassen und den Reichtum an Linien und Pflanzenmasse, die es zu bedenken gilt. Die kontemplative Betrachtung der Bäume in der Natur öffnet den Blick für die echte Wahrnehmung und schließlich für die Suche nach der passenden Gestaltung.

Betrachtung eines Baumes in der Baumschule

Die sorgfältige Betrachtung der Bäume in der Natur schärft den Blick und bereitet auf die Gestaltungsmöglichkeiten eines ausgewählten Baumes vor. Man bringt entweder die charakteristischen Vorzüge oder möglichen Fehler ins Gleichgewicht, man untersucht das Material und den Wuchs im Vertrauen auf die eigene optische Wahrnehmung. Holz, Laub und Blüten werden unterschiedlich gehandhabt und beeinflussen die Form des im Entstehen begriffenen Baumes und seiner grünenden Masse. Weiche Hölzer enthüllen rasch kalligrafisch bewegte Linien. Im Gegensatz dazu fordert hartes Holz mehr Geduld und zeigt seine Qualität erst im Laufe der Zeit, indem es sich in kräftige, natürliche Linien verwandelt. Anders als bei vielen in Japan angewandten Techniken, **verzichtet Christian Coureau bei seiner wolkenförmigen Gestaltung von Bäumen ganz auf**

Juniperus chinensis

Juniperus chinensis 'Kaizuka'

den Einsatz von Stützen oder Stricken. Allein der Schnitt und das Stehenlassen formen und befreien die Bewegung des Holzes.
Der entstehende Baum existiert bereits in einer Vorahnung seiner Pflanzengestalt, die man auf seine gesamte Materie projeziert. Der Baumrohling enthüllt sich mit dem ersten Schnitt einzig und allein dem Auge des Ausführenden. Vorher noch niemals geschnitten, wird er Sie während seiner Ausformung in die wahre Geduld einweihen, während Sie kontemplativ seine Entwicklung zu einem ausgewachsenen Baum abwarten. Auf die gleiche Art entwickelt sich ein Gewächs, das schon in der Baumschule wolkenförmig geschnitten wurde, durch gewisse pflegerische Eingriffe und die Aufteilung von Wolken- oder Scheibenformen weiter. Sie werden diese Ausformung in den kommenden Jahren fortführen, indem Sie die Stämme und Äste wählen, die sie erhalten und führen. Dabei hilft die Methode von Christian Coureau genannt „MDG“: *Mouvement, Direction, Grosseur* (Bewegung, Richtung, Stärke), was an anderer Stelle noch eingehender erläutert wird. Die Leere, die durch Entfernen bestimmter Äste entsteht, wird zum Katalysator der Bewegung, da sie den erhaltenen Ästen neuen Raum gibt.

Das Spiel der Formen unterliegt keiner Beschränkung, sollte aber **stets im Sinne des Baumes** erfolgen, ausgelegt auf eine ausgewogene Stellung der Zweige und die Suche nach gegenläufigen Wuchsrichtungen, welche die Bewegung bringen. Die gefühlvolle und sanfte Weise der Formgestaltung gelingt nicht durch Tortur, denn jeder Baum bewahrt sich seine Freiheit, egal ob er in der freien Natur inmitten dichter Vegetation steht, in den Bergen oder in den Gärten.

Christian Coureaus Weg

Eine Baumschule mit wolkenförmig geschnittenen Bäumen in Saint Mamans, eingebettet in einen unendlich weiten Naturgarten aus Bergen, Feldern, Wasser und Himmel im Vercors, bot mir einen Herbsttag lang in Begleitung ihres Gestalters Christian Coureau einen Ort zum Verweilen. Die Harmonie des Ortes wird besonders durch die kalligrafisch geschnittenen Bäume und ihre raue Umgebung deutlich. Die Landschaft vibriert durch die Präsenz der Bäume – „lebende Pflanzenwerke", die sich ständig unter dem kundigen Blick und der Hand von Christian Coureau verändern. Da Christian Coureau aus dieser Gegend stammt, inspirierte ihn dieser Ort von klein auf. Jedoch flüchtete er sich einige Zeit nach New York, um dann zurückzukehren. Die Gründe für diese Umkehr reichten tief: Das Fehlen der Natur, des Vercors, sowie prägende Erinnerungen an seine Kindheit, die es wiederzufinden galt. Tief in seiner Seele verankert, treibt ihn ein sonniges

Bild an: Père Buret, der alte Gemüsegärtner, der ihm das Wissen, den Respekt und die Liebe zum Boden zu vermitteln verstand. Die amerikanische Megametropole war rasch vergessen. Die Natur und Coureau treffen wieder aufeinander und das Auge erholt sich durch die wiederentdeckte Alchemie. Das tief greifende visuelle Erlebnis anlässlich des Besuches eines japanischen, durch Zen inspirierten Gartens von Erik Borja bricht sich Bahn. Für Christian Coureau vereinen sich darin Kunst und Natur. Die beiden Männer verstehen sich, und Coureau folgt seiner inneren Stimme und dem Drang zu lernen. Ab 1988 arbeitet er als Gehilfe für gut zehn Jahre in jenem Garten. Schnell wird der Baumschnitt seine Leidenschaft. Die Aufgabe etabliert sich und die Arbeit verfeinert sich angesichts der unbändigen Natur, die es zu zähmen gilt. Mensch und Baum werden zu stillen, einvernehmlichen Komplizen.

Durch die in Beaubourg gezeigte Cordier-Schenkung erlebte Christian Coureau ein zweites Mal die beeindruckende und aufrüttelnde Wirkung zeitgenössischer Kunst und wie seine ästhetische Vorstellung vom Grün bestätigt wurde. Die Erinnerung an bewunderte Bäume, die seit jeher wild im Vercors-Massiv in skulpturalen Massen und ausdrucksstarken grafischen Linien wuchsen, galt es wie einen vergessenen Beweis wiederzufinden. Diese von Gefühlen aufgeladene Natur war stets der Ort von Coureaus Inspirationen, Beobachtungen und besonderen Vorlieben.

Dort geht der Mensch in der Natur auf, beide treffen sich auf einer Augenhöhe. Schon seit Kindertagen mit Respekt für die Bäume und ihre Kraft, widmet Coureau sich wachsam einigen in der freien Natur verstreuten Exemplaren. An den Hängen des Berges entdeckt man sie zwischen den anderen. Egal ob jung oder ehrwürdig, die wilden Bäume, wie Föhren oder Buchs, mit harmonischen Zweigen, verwunden oder abgebrochen, zuweilen von Coureau auch geführt, heben sich von den anderen Bäumen durch ihre klarere, kräftigere Linie und das gestaltete Laub ab – ein kleines Extra, das von dieser lange währenden Arbeit vor Ort kündet.

Der Weg dieses Baumfreundes zeichnet sich durch die richtungsweisenden Begegnungen mit Menschen an jenen Stellen aus, wo Erde und Kunst auf natürli-

Die Natur ist eine ständige Quelle der Inspiration.

che Weise verbunden sind. Coureaus wolkenförmige Baumgestaltungen und seine Landschaftsräume spiegeln seine verschwörerische Beziehung zur Natur. Die Skulptur des lebenden Pflanzenorganismus, bereits tief in seiner Geschichte verankert, wird sein Lebenszweck. Und unter dem Eindruck eines Treffens mit Herrn Charbonnel entscheidet sich Christian Coureau dazu, seine Baumschule nach den Maßgaben seiner eigenen Wolkenschnitttechnik und seiner vom Zen-Gedanken inspirierten Gartenanlagen zu gestalten. Die umfassende Kenntnis des Bodens und des Lebens macht eine starke Selektion der für den wolkenförmigen Schnitt vorgesehenen Bäume erforderlich. In Frankreich oder auch andernorts macht Coureau die Auserwählten ausfindig – mit geschultem Auge und viel Gespür. Eine Untersuchung prüft das Potenzial des für die Verwandlung vorgesehenen jungen Baums. Art, Stämmigkeit, Neigung, Textur und Farbe können einen Hinweis auf die Zukunft eines wolkenförmigen Baumes nach 100 Jahren liefern. Auch kann das Herz den Ausschlag für ein Exemplar geben, das eigentlich nicht in Betracht käme, sich aber später zum ausdrucksstarken Baum entwickeln könnte. Verschiedenste Baumarten unterschiedlichen Alters wurden im Laufe der Zeit in der Baumschule am Vercors gepflanzt, um ihre Umgestaltung zum wolkenförmigen Schnitt zu durchleben. Zur Metamorphose bestimmt, werden die Bäume im Alter von etwa 15 Jahren geschnitten und gestaltet, danach gut zehn Jahre oder länger weiter betreut. Die Entstehung eines wolkenförmigen Baumes erfordert große Geduld und viel Beobachtung. Die vorherrschende Natur diktiert, der Künstler passt sich daran an.

Die Technik von Christian Coureau unterscheidet sich teilweise von den bei japanischen Meistern gepflegten Erziehungs- und Schnitttechniken. Vor jeglichem Eingriff am Baum sollte aber durch die Betrachtung der Bäume sowohl in der freien Natur als auch in Gärten oder der Baumschule „eine Phase der Meditation“ liegen.

Ihr Auge wird Sie leiten – die Hand wird folgen.

Japangarten in Biarritz gestaltet von Christian Coureau (unter Mithilfe von Raphael Turquin).
Inmitten der Stadt wirkt die Illusion des Natürlichen bezaubernd, wobei der Eindruck entsteht, der Garten existierte schon seit Jahrhunderten. Zu den in diesem üppigen Garten verwendeten Bäumen gehören Linden, *Taxus*, *Podocarpus* und *Pinus* 'Brégeon' mit wolkenförmigem Schnitt oder naturgewachsen.

Japangarten in Marseille (unter Mithilfe des Gartenbau-Unternehmens Thomas Herbinet).
Ein wenig außerhalb gelegen, zeigt dieser feine Garten ein bewegt gestaltetes Terrain, das von wogenden Gräsern bedeckt ist, Sorten von Japanischem Ahorn, die unterschiedliche Färbungen zeigen, wolkenförmig geschnittene Bäume und zwei Zen-Gärten. Diese nebeneinander angelegten Trockengärten sind von japanischer Tradition inspiriert, in Übereinstimmung mit deren Komposition und Gestaltungsmaterial. Die drei Inseln Schildkröteninsel, Kranichinsel und Insel in Bootsform sind ebenfalls hier zu sehen. Ein Wasserfall aus gewaltigen schwarzen Steinen wird flankiert von einem *Juniperus* im Wolkenschnitt. Anders als in dem Garten in Biarritz, zeigt dieser Garten die Klarheit und die Ästhetik im Bündnis mit der Schlichtheit der umgebenden Architektur.

Wolkenschnitt in der Praxis

Dieses Kapitel beschreibt die Methode zur wolkenförmigen Gestaltung eines Baumes. Nach einigen allgemeinen Angaben zu wolkenförmig geschnittenen Bäumen wird die Ausformung am Beispiel eines Wacholders (am einfachsten und zugleich am variantenreichsten) erläutert, danach an Kiefern (anders und schwieriger). Schließlich geht es noch um die Pflege erwachsener Bäume. Auch wenn die Beherrschung der Techniken die Grundvoraussetzung ist, sollte man niemals vergessen, dass diese Fähigkeit mit künstlerischem Einfühlungsvermögen einhergehen muss. Nicht die Heckenschere ist das wichtigste Werkzeug sondern das Auge!

Bäume für den Wolkenschnitt

Wahl des Baumes

Möchte man einen Baum wolkenförmig gestalten, beginnt man am besten mit dem Erwerb eines schönen Exemplars aus der Baumschule, denn das Entnehmen eines Baumes aus der Naturlandschaft ist verboten. Wenn man jedoch in der Natur ein kleines Exemplar findet, das Opfer willkürlicher oder unwillkürlicher Beschädigung ist, kann man sich darum kümmern. Entweder an Ort und Stelle oder zuhause, aber man muss wissen, dass das Umpflanzen die Überlebenschancen des Bäumchens verringern, weil man den Wurzelballen kaum ausreichend vorbereiten kann.
Einen Baum kann man im Container oder nur mit Ballen kaufen. Nach dem Kauf pflanzt man ihn ein, sofern man einen Garten hat, und beginnt mit dem ersten formenden Schnitt. Rasches Handeln erleichtert das neue Austreiben. Wenn der Baum im Kübel auf der Terrasse oder dem Balkon wachsen soll, beginnt man den Schnitt auf gleiche Weise. Aber es dauert länger, bis der Baum ausgewachsen ist und er treibt nicht so kräftig nach wie im Erdboden. Je schneller ein Baum wächst, desto eher ist er ausgewachsen. Sowohl im Kübel als auch in der Erde kann der wolkenförmige Schnitt zu jeder Jahreszeit durchgeführt werden.

Form des Stammes

Ideal für die Verwandlung in einen wolkenförmigen Baum geeignete Exemplare zeichnen sich je nach Art und Persönlichkeit durch ein besonderes Potenzial aus, daraus ein einzigartig wachsendes Individuum zu schaffen. Christian Coureau stellt fest, dass es keine Hindernisse für diese Gestaltung gibt. In jedem Baum schläft schon ein Typus der

Gerade gewachsener Einzelstamm

Das ist der natürliche Habitus der meisten Bäume. Um ein günstiges Ergebnis zu erzielen, sollte man die Hauptäste am Stamm im harmonischen Wechsel gestalten, aber Symmetrie vermeiden.

Cupressus arizonica 'Glauca'

Cuprocyparis leylandii

Gewundener Einzelstamm

Für einen vertikal S-förmigen Stamm wird der Baum regelmäßig ausgegraben und dann in die der Sonne entgegengesetzte Richtung gedreht wieder eingepflanzt (siehe S. 60). Dieser Gestaltungsprozess dauert viele Jahre länger als die anderen.

Chamaecyparis obtusa

Pinus nigra

Geneigter Einzelstamm

Dies ist eine Variante des vorgenannten Typs. Der geneigte Einzelstamm entsteht durch eine einzelne Drehung nach Norden (siehe S. 60).

Taxus cuspidata

Bäume für den Wolkenschnitt

Ausformung, der durch den entsprechenden Schnitt geweckt wird.
Bei der Suche nach der Pflanzenskulptur findet sich für jede Familie, egal ob Pinaceae, Taxaceae, Betulaceae, Cupressaceae oder Buxaceae, eine Gestaltungsform, die den natürlichen Habitus des Baumes harmonisch widerspiegelt.
Bei Bäumen mit Einzelstamm gibt es drei Gestaltungsformen: gerade, gewunden oder geneigt. Der gerade oder fast gerade Einzelstamm darf seine Grundform behalten. Sein gerade-aufrechter Wuchs wird durch kräftige Hauptäste ausgeglichen, die gezielt im Wechsel von seiner Hauptachse ausgreifen und dem Auge damit eine lebendige, rhythmische und natürliche Pflanzenarchitektur bieten. Im Gegensatz dazu kann ein Stamm auch ein harmonisches Ungleichgewicht in S-Form zeigen, das durch mehrfach gedrehtes Verpflanzen entsteht. Und ein hübsch geneigter oder leicht kriechender Stamm kompensiert diese Ausrichtung durch geschickt gestaltete Hauptäste.
Bei mehrstämmigen Bäumen verfolgt man bei der Suche nach dem skulpturalen Aspekt einen geringfügig anderen Ansatz. Die Stämme von kriechend wachsendem Wacholder werden durch die Hauptäste betont und individuell je nach Natur und Haltung geformt. Die Äste wachsen entweder frei oder als Gegengewichte organisiert und so weit wie möglich zur Spitze hin erzogen.

Verzweigte Stämme

Viele Arten wachsen von Natur aus in diesem Habitus. Die Hauptäste können entweder der eigenen Bewegung überlassen oder entgegen der Wuchsrichtung erzogen werden.

Pinus sylvestris

Juniperus × pfitzeriana

Wolke und Scheibe stellen eine Verlängerung der Bewegung der Äste bei den „Wolkenskulpturen“ dar.

Die Ausformung des Baumgrüns

Je nach Baumart kann man die Laubmasse scheibenförmig oder wolkenförmig gestalten. Bei Laubbäumen mit zarten, leichten Blättern, wie Hainbuchen (*Carpinus*), Japanischem Ahorn (*Acer japonicum*) oder bei älteren Kiefern (*Pinus*), kann man die grüne Masse fein und flach wie eine Scheibe entlang der horizontalen Wuchsrichtung der sie tragenden Äste gestalten. Obwohl junge Kiefern gewöhnlich dicht benadelt sind und sich für den wolkenförmigen Schnitt eignen, richten sich alternde Exemplare mit ausgedünntem Nadelbehang und wegen der horizontalen Richtung der Äste von Natur aus stärker zu einer Scheiben- oder Tellerform hin aus. Die dichten Belaubungsformen der meisten Bäume, wie etwa Wacholder (*Juniperus*), Eiben (*Taxus*) und mancher Kiefern (*Pinus*), bilden Wolken von hübsch rundlichem Wuchs. Aussehen und Proportion des Baumes werden durch die Wolkenform respektiert, indem man die Leere und die Fülle gestaltet. Ein Baum mit klarer Stammlinie, gerade oder geneigt, gedrungen oder hoch, wird die Wolken oder Scheiben mit derselben Eleganz zur Schau stellen wie ein stark verzweigter Stamm. Der wolkenförmig gestaltete Baum, ein einzigartiges Individuum und lebende Skulptur, kann unendlich viele Formen annehmen, die ein Abbild Ihrer Intention und Ihres Eingreifens mittels Schnittkunst sein werden.

Empfehlungen für den Schnitt

Pflege und Hygiene der Werkzeuge

Bevor Sie sich Ihrem Baum für den wolkenförmigen Schnitt zuwenden, sollten Sie nicht nur auf den brauchbaren Zustand der Werkzeuge sondern auch auf deren Sauberkeit achten. Wie in der Medizin empfehlen sich auch hier grundlegende Hygienevorschriften, um Pilzerkrankungen und Parasitenbefall vorzubeugen. Vor jedem Eingriff am Baum sollte man die Werkzeuge desinfizieren, indem man die Klingen und Schneiden mit Alkohol reinigt. Das vermeidet Schädigungen, die bis zum Absterben des Baumes führen können. Reinigen Sie so gründlich, dass keine Harz- und Rostspuren mehr vorhanden sind. Sollten noch organische Rückstände vorhanden sein, beginnen Sie erneut, indem Sie die Klingen mit einer Alkohol-Sand-Mischung als Reinigungsmittel abreiben. Sind die Klingen gesäubert, müssen sie geschärft werden. Ein glatter, ordentlicher Schnitt ist nur mit einer scharfen, gut schneidenden Baumschere zu bewerkstelligen, ebenso der Laubschnitt mit der Heckenschere. Wetzen Sie die Schneiden der Werkzeuge gleichmäßig von innen zur Spitze hin mit einem Stein oder Wetzstahl. Bei Kälte und Regen sollte man die Bäume nicht schneiden, denn dadurch wird die Gefahr von Infektionen an den offenen Schnittwunden erhöht.

Richtige Position der Schere

Die Klinge der Baumschere wird immer nach der zu erhaltenden Seite hin ausgerichtet, um das Einreißen des Holzes zu vermeiden.

Schnitt oberhalb eines Seitentriebes

Schnitte sollten unmittelbar oberhalb der Seitentriebe und glatt erfolgen, stets dem Trieb gegenüber und angeschrägt, damit das Wasser besser ablaufen kann.

richtig | falsch | falsch

Möglichst knapp

Die Schnitte am Stamm und bei den Ästen sollten glatt und „möglichst kurz“ erfolgen, damit die Wunde mit der Zeit unsichtbar verheilt.

Im oben gezeigten Beispiel schneidet man auch den Wulst (Astring) ab, um eine glatte Holzfläche ohne Angriffsstellen für Parasiten zu erhalten.

Praktische Ratschläge für den Schnitt

Ist die grundlegende Vorbereitung der Werkzeuge getroffen, geht es an den Schnitt Ihres Baumes.
Man nimmt die Schere fest in die Hand und platziert sie auf der Seite des abzutrennenden Astes so knapp wie möglich am verbleibenden Holz. Der Schnitt erfolgt mit der Schnittfläche gegen die zu erhaltende Partie hin, ohne das Holz einzureißen. Dazu schneidet man in den Wulst (Astring) des Triebs ein, wodurch eine glatte Holzfläche ohne Angriffsstellen für Schadorganismen entsteht. Schnitte oberhalb von Abzweigungen oder Knospen müssen glatt und möglichst unmittelbar oberhalb erfolgen, stets gegenüber der Knospungsstelle und schräg, damit keine Feuchtigkeit in das Gewebe des Baumes eindringen kann. Die Laubmassen in wolkenförmiger oder scheibenförmiger Gestalt werden auf unterschiedliche Weise und mittels Hecken- oder Baumschere geschnitten. Für den Wolken- oder Scheibenschnitt wird die Heckenschere entweder gerade oder mit dem Blatt umgekehrt gehalten, ganz wie es die Höhe des Baumes bequem zulässt. Um bei Verwendung der Heckenschere das Laubwerk nicht niederzudrücken, hält man eine Hand starr und die andere schneidet.
Achten Sie genau darauf, was Sie wegschneiden. Nehmen Sie sich Zeit, die Wuchsrichtung, Kraft und Besonderheiten jedes einzelnen Astes zu beurteilen. Manche Äste werden „in die Warteschleife gestellt“, da sie sich als spätere Hauptakteure der Baumgestaltung vermuten lassen. Nach jedem Eingriff sollte man den Baum einmal rundum betrachten und ein paar Schritte zurücktreten: **Hauptwerkzeug für den Baumschnitt ist nicht die Astschere sondern das Auge!**

Gestaltung eines Wacholders

Juniperus (Wacholder) sind ideal, um die Grundlagen des wolkenförmigen Schnitts zu erlernen. Sie sind relativ einfach zu gestalten und bieten viel Raum für Kreativität.

Wann bearbeitet man den Wacholder?

Unmittelbar nach dem Kauf und dann bevorzugt im Herbst. Danach ruht die Laubbildung des Baumes, nicht aber die Wurzelbildung, was eine besonders gute Erholung im Frühling begünstigt. Aber man kann das ganze Jahr hindurch daran arbeiten, solange man Phasen mit Frost oder starker Hitze meidet.

Drei Schritte beim Schnitt einer zukünftigen Wolkenform

Bevor Sie den wolkenförmigen Schnitt beginnen, bereiten Sie sich vor: Stellen Sie sich hin und vertiefen Sie sich ernsthaft in den Baum vor Ihnen. Nehmen Sie sich Zeit, sein Potenzial abzuschätzen und machen Sie sich die Folgen Ihres Eingriffs bewusst, bevor Sie Hand an Stämme, Zweige und Grün anlegen. „Blick vor Hand“ – diese Vorstellung wird den künstlerischen Zug des Baumes, die Kraft seiner Bewegung und den Rhythmus bestimmen, so wie bei einem Kalligrafen, der einen Pinselstrich auf Reispapier zieht, oder einem Bildhauer, der sich mit seinem Meißel dem Rohmaterial nähert. Schon beim ersten Eingriff sollte man einige Schritte zurücktreten und mehrfach um den Baum herumgehen, um selbst die geringsten, Erfolg versprechenden Stellen für die wolkenförmige Umgestaltung zu entdecken.

Drei Gestaltungsschritte im ersten Jahr

Der wolkenförmige Schnitt eines Baumes mit natürlichem Habitus erfolgt im Alter von fünf oder mehr Jahren. Im ersten Jahr sind drei Schritte erforderlich:

1 Herausarbeiten der Verzweigungen

❷ Aufteilen der Grünmasse nach dem Prinzip „MDG“

❸ Gestaltung der Wolken-Vorstufen

Machen Sie die Augen auf! **Die grafische Wirkung des Baumes entsteht aus der Balance von Leere und Fülle.** Räumen Sie der Bewegung spontan den Vorrang ein, indem Sie sich von der Vegetation der Sie zufällig umgebenden Natur inspirieren lassen. Die unterschiedlichen Staturen der Bäume in der natürlichen Landschaft berühren und überraschen uns durch ihre ungezähmten und genialen Formen, die sie beim Überleben nach naturgegebenen Zwischenfällen entwickelt haben. Von Hause aus ist der Baum mit stolzem oder krummem Habitus, geradem oder gewundenem Stamm und abgebrochenem oder unversehrtem Geäst, gebogen oder gegen die Natur gewachsen, ein siegreiches, stolzes und einzigartiges Wesen, permanent darum bemüht, tapfer und kämpferisch ein Gleichgewicht zu finden. Voller Vitalität und Potenzial bietet der Baum an den Spitzen seiner Äste einen Strauß dar, quasi die Konzentration seiner Lebensenergie in Form von üppig wachsendem Grün. Füllig oder ausgedünnt, dieser grüne Schmuck liegt wie Wolken oder Scheiben im Baum. Jeder Baum ist einzigartig und jegliche Annäherung mit dem Ziel des Wolkenschnitts sollte mit großer Achtung erfolgen.

Der gestalterische Schnitt der Wolkenformen erfolgt in drei Schritten: Herausarbeiten der Verzweigungen, Aufteilen der Masse und schließlich die Gestaltung der Wolken-Vorstufen. Beim zweiten Schritt geht man nach dem „MDG“-Prinzip vor (siehe Seite 19 und 36–37), das Christian Coureau anwendet und lehrt.

Gestaltung eines Wacholders

Im ersten Jahr

Erster Schritt: Herausarbeiten der Verzweigungen

Ziel dieser Arbeit ist es, den grundlegenden Habitus des Baumes und sein Wesen herauszuarbeiten. Ein Baum besitzt oft einen außergewöhnlichen Wuchs. Manche Äste bleiben je nach Art kriechend, wachsen an der Basis ungeordnet oder ragen durcheinander zum Licht auf, wobei sie die Struktur verbergen. Der erste Arbeitsschritt zielt auf Klarheit ab. Beginnen Sie mit einer gründlichen Reinigung am Fuß der Pflanze, indem Sie abgestorbene und „chaotisch wachsende" Äste und alle, die direkt über dem Boden kriechen, entfernen. Das dient der „Lesbarkeit" des Verlaufs der Stämme. Ist die Basis erst einmal ausgeputzt, so wird jeder Stamm von der Basis zur Spitze hin gezielt gesäubert und dann auch die Hauptäste, indem man von deren Ansatz am Stamm bis hin zu den Verzweigungen sorgfältig alle kleinen Ästchen entfernt. Das letzte Drittel der Äste bleibt unberührt. Man nimmt alle kleinen Zweige heraus, die nach innen gerichtet wachsen und auch die Ästchen, die parallel zum Stamm wachsen. Zum Ausputzen der Ansatzstellen oder der Verzweigungen entfernt man die jungen Triebe mit einer Baumschere oder man knipst sie mit den Fingern ab. Wenn der Baum mehrere Stämme besitzt, bearbeiten Sie schrittweise einen nach dem anderen auf dieselbe Weise. Sie entfernen die jungen Austriebe und dünnen Ästchen, ohne das letzte Drittel der Äste anzurühren. **Erhalten Sie jedoch einige kleine Zweige, die sich mit der Zeit als vielversprechend erweisen könnten. Damit lassen Sie stehen, was für einen möglichen oder zukünftigen Eingriff zur Wolkengestaltung dienlich ist.**

Ausputzen der Ansatzstellen und Verzweigungen

Putzen Sie die Ansatzstellen der Äste und die Verzweigungen gründlich rundum auf 5 cm aus.

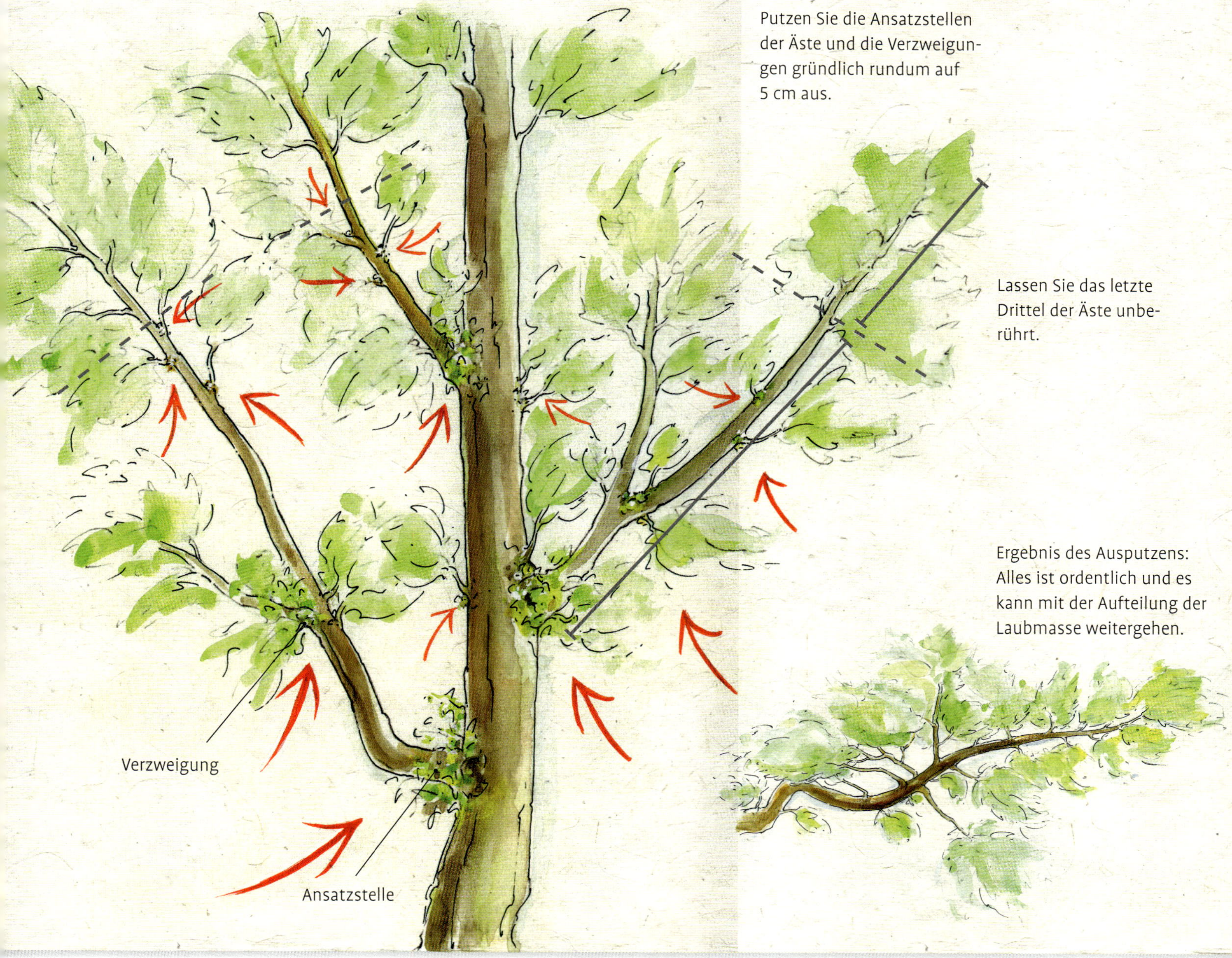

Lassen Sie das letzte Drittel der Äste unberührt.

Ergebnis des Ausputzens: Alles ist ordentlich und es kann mit der Aufteilung der Laubmasse weitergehen.

Gestaltung eines Wacholders

Im ersten Jahr

Zweiter Schritt: Aufteilung der Masse nach dem MDG-Prinzip

Hierbei geht es um die Gestaltung des lebendigen Raumes um jene Äste herum, die man bewahren möchte und die später die Vorstufe der Wolkenformen tragen sollen. Die Auswahl dieser Äste ist entscheidend und erfordert daher besondere Aufmerksamkeit. Stämme und Äste machen die Bewegung des Baumes aus und diejenigen, die man erhalten möchte, wählt man erst nach sorgfältiger Betrachtung aus, um den künftigen architektonischen Anblick des Baumes hervorzuheben. Dieser Ansatz beim Schneiden oder Belassen wird im Hinblick auf den Gesamteindruck des Baums verfolgt. Dabei bedient man sich der Methode, die Christian Coureau als MDG-Prinzip bezeichnet: die Beachtung der drei Aspekte Bewegung, Richtung und Stärke.

1. Bewegung
Die Bewegung jedes ausgewählten Astes sollte zum artgerechten Habitus des Baumes und zu seinem Wuchs passen.

2. Richtung
Man sollte die Ausrichtung eines Astes selbst berücksichtigen und zudem alle Verzweigungen, die von diesem Ast ausgehen. Diese Austriebe bilden und Ausgangspunkt interessanter Bewegungen.

3. Stärke
Die Stärke ist bei der Auswahl der Äste kein allein bestimmendes Merkmal. Denken Sie stets daran, dass das Entfernen eines kleinen, unscheinbaren Zweigs sich als Fehler erweisen könnte, aber beachten Sie auch, dass ein zu dicker Ast ein optisches Übergewicht bekommen kann.

Problematische Äste

Zwei dicht stehende, parallel verlaufende Äste
Vergleichen Sie die Vor- und Nachteile der beiden Äste, bevor Sie einen davon entfernen. Auch das Umfeld spielt eine Rolle, überdenken Sie beispielsweise das Potenzial vorhandener kräftiger Seitentriebe. Nette Überraschungen könnten daraus hervorgehen. Manche Äste treiben nach einem Schnitt erneut aus und entwickeln eine Dynamik, die dem Baum eine unerwartete und interessante Lebendigkeit gibt. Bei der Auswahl sollte man auch auf kleine Biegungen, Windungen oder eine Wölbung achten, die eine schöne Statur ergeben könnten.

Zwei überkreuzte Äste
Überkreuzungen sollte man auf keinen Fall erhalten. Lassen Sie den Ast stehen, der einen schöneren Verlauf hat. Bevor Sie sich entscheiden, stellen Sie sich die Wuchsrichtung und seine räumliche Lage ohne den Blattschmuck vor.

Gewundener schöner Ast
Wenn der Ast keinen zweiten stört, lässt man ihn stehen. Ansonsten wählt man einen anderen, besser zur Struktur des Baumes passenden Ast aus. Lassen Sie immer die interessant gebogenen, rhythmischen Austriebe stehen, die an der Oberseite wachsen.

Erhalten Sie möglichst viele Zweiglein und kleine Austriebe, die unwichtig erscheinen,
denn es ist genug Zeit, die Linienführung eines Baumes zu verbessern und herauszuarbeiten. Kürzen Sie nicht wie besessen, sondern lernen Sie, kleine, nicht störende Zweige stehen zu lassen. Später könnten daraus Hauptäste werden. Vernachlässigen Sie auch nicht schwächliche und fantasievoll gewachsene Zweige, die sich künftig als kraftvoll und unersetzlich für die architektonische Gestaltung des Baumes erweisen könnten.

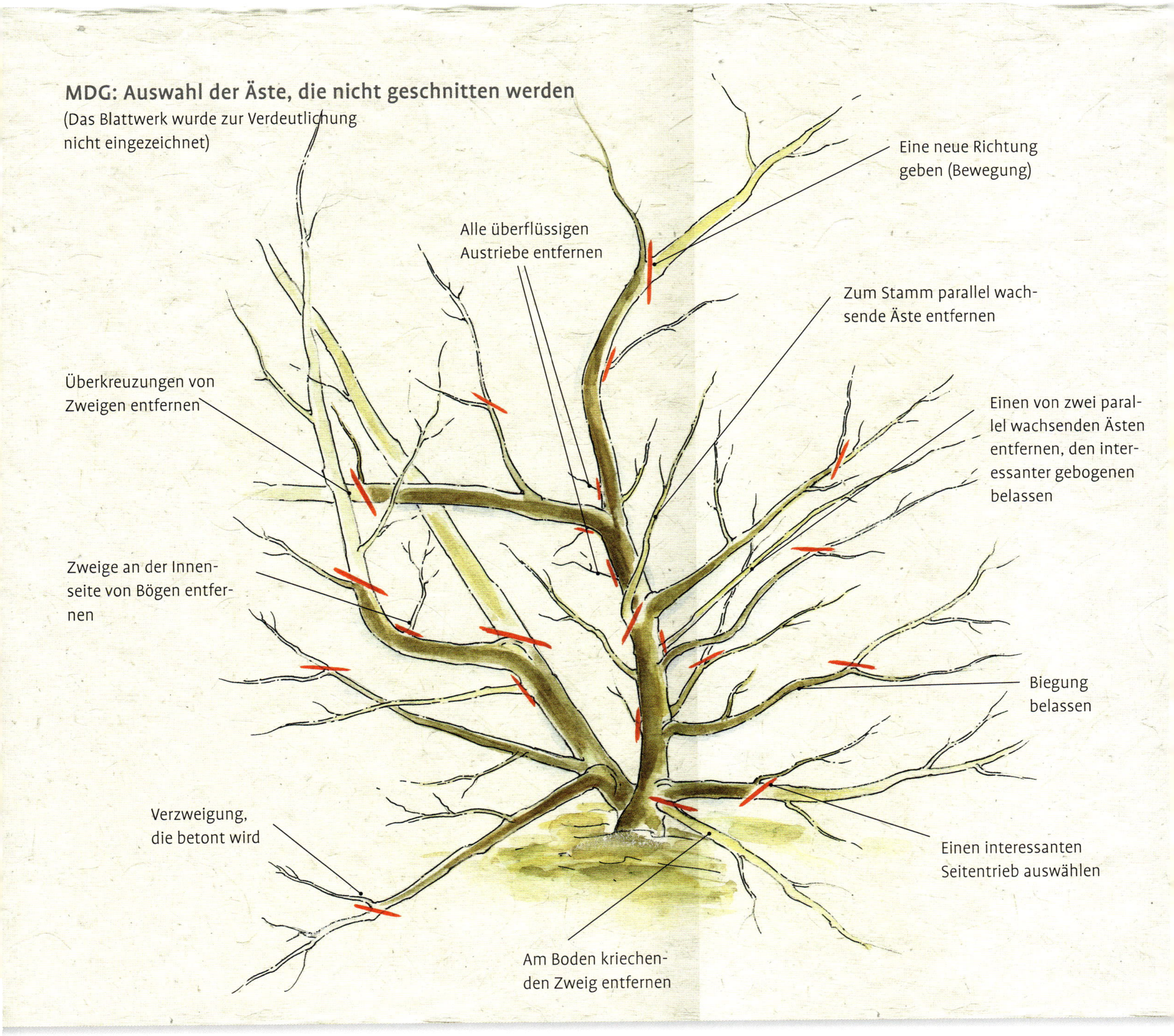
MDG: Auswahl der Äste, die nicht geschnitten werden
(Das Blattwerk wurde zur Verdeutlichung nicht eingezeichnet)
Eine neue Richtung geben (Bewegung)
Alle überflüssigen Austriebe entfernen
Zum Stamm parallel wachsende Äste entfernen
Überkreuzungen von Zweigen entfernen
Einen von zwei parallel wachsenden Ästen entfernen, den interessanter gebogenen belassen
Zweige an der Innenseite von Bögen entfernen
Biegung belassen
Verzweigung, die betont wird
Einen interessanten Seitentrieb auswählen
Am Boden kriechenden Zweig entfernen

Gestaltung eines Wacholders

Im ersten Jahr

Bewegung
Die grundlegende Bewegung des Baumes bestimmt das Vorgehen beim Aufteilen der Masse. Bei einem Baum, der zu Wolkenformen umgestaltet wird, muss man bei der Bewegung zweierlei bedenken: Arbeitet man an der Bewegung des Astes, sollte man die Bewegung des gesamten Baumes berücksichtigen, damit alles stimmig wird. Die Ausrichtung der Bewegung des Baumes erfolgt aufgrund der Wahl der künftigen zentralen Äste oder Hauptäste. Vor dem Schnitt macht man sich mit dem Baum vertraut, entscheidet über die Zweige, die entfernt und die belassen werden, und stellt sich deren Rolle vor, indem man ihre Bewegung, Position, Struktur und Wuchsrichtung betrachtet. Denken Sie daran, einige Seitentriebe und Verzweigungen leben zu lassen. Ein zu rigider Schnitt könnte die weitere Entfaltung des Baumes bremsen. **Arbeiten Sie sich daher bis zur letzten starken Verzweigung oder bis maximal zu zwei Dritteln oder drei Vierteln des Asts vor, ohne die Spitzen mit der grünen Masse, den künftigen Wolken, anzurühren.** Die Persönlichkeit des Baums zeigt sich hauptsächlich durch die Wahl der Bewegung im Holz und in den Ästen, deren Enden in massigem Grün als Wolke oder Scheibe gestaltet werden. Das Grün ruht auf einem Hauptast und dessen tragenden Verzweigungen in vollkommener Harmonie mit dieser Architektur.

Juniperus während der Gestaltung im ersten Jahr.

Juniperus zeigen oftmals einen sehr schön bewegten Wuchs, den man nur erkennen und hervorheben muss.

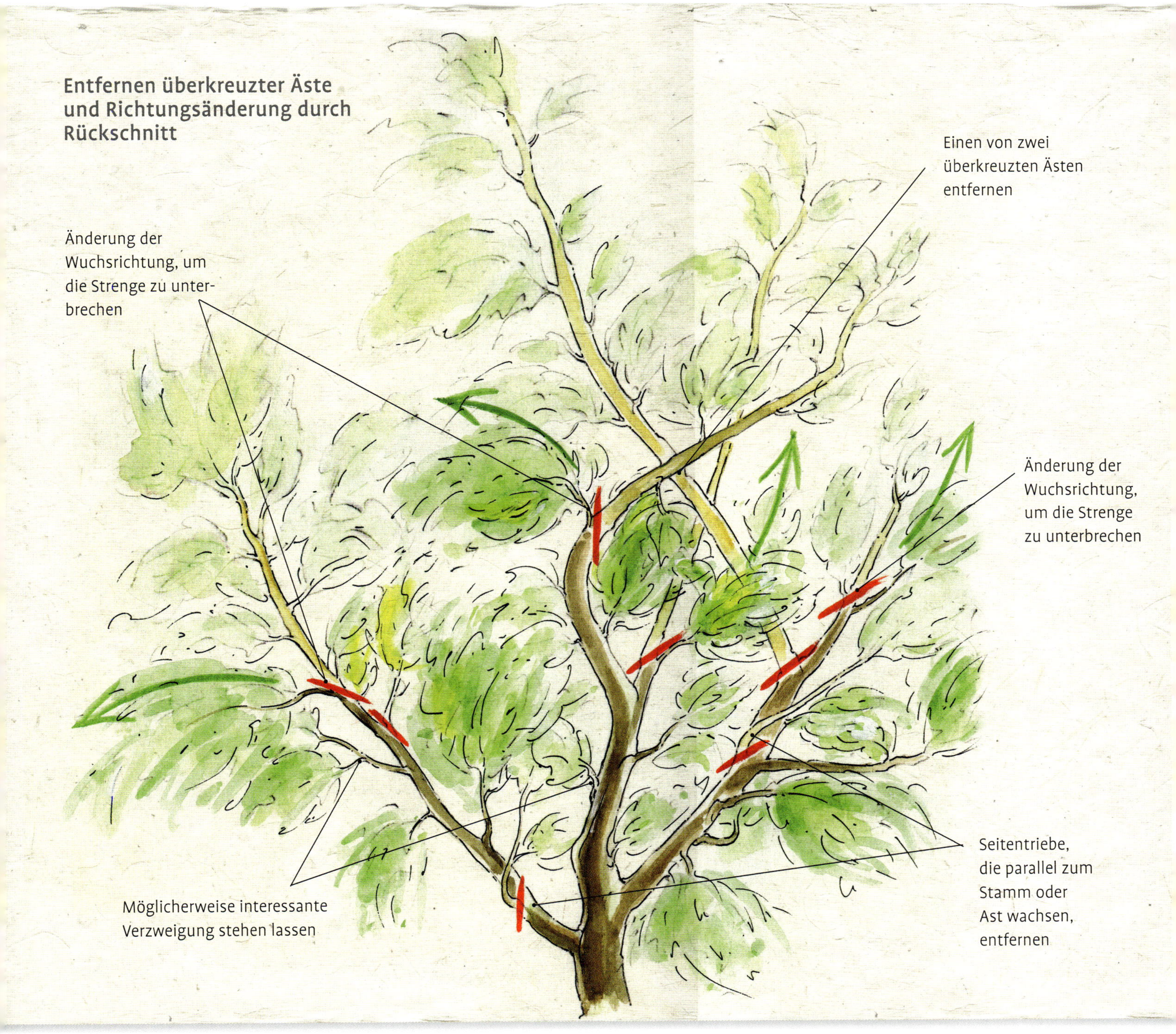
Entfernen überkreuzter Äste und Richtungsänderung durch Rückschnitt
Einen von zwei überkreuzten Ästen entfernen
Änderung der Wuchsrichtung, um die Strenge zu unterbrechen
Änderung der Wuchsrichtung, um die Strenge zu unterbrechen
Seitentriebe, die parallel zum Stamm oder Ast wachsen, entfernen
Möglicherweise interessante Verzweigung stehen lassen

Gestaltung eines Wacholders

Im ersten Jahr

Richtung
Die Ausrichtung des Stammes und aller Äste ist von grundlegender Wichtigkeit für die Ausgestaltung der Architektur des Baumes. Ist ein gerader Ast zu lang, nimmt man ihm die Strenge und Monotonie durch einen Schnitt, der gegen den Wuchs verläuft. Ein hübsch ausgerichteter Seitenzweig sorgt für das Gleichgewicht oder die Betonung respektive Rhythmisierung der Bewegung, immer in Übereinstimmung mit der gesamten Baumstruktur. Diese Eingriffe führen im Lauf der Zeit zu Ästen mit wunderbarer Linienführung, die sich mit interessanten Biegungen zum freien Raum hin entwickeln.
Die Ansätze der auf den Hauptästen belassenen Zweige, die später zu den tragenden Ästen der Wolken werden sollen, kräftigen sich im Laufe des Wachstums je nach Umfeld. **Die Wolken sollen sich in der Komposition so verteilen, dass sie nicht übereinander geschichtet oder gedrängt sind: Menge bedeutet nicht zwangsläufig auch Qualität.** Bei einigen Zweigen empfiehlt sich das „Dranlassen". Lassen Sie sich dabei von der ursprünglichen Bewegung leiten, lichten Sie nur aus und verfeinern Sie die Linie durch das Entfernen von Zweigen, die nach unten oder nach innen zur Baummitte wachsen. Dadurch kommt der Ast räumlich zum Schwingen. Bei der Suche nach der schönen Linie und dem „ungleichen Gleichgewicht" verfeinert man das Astwerk, indem man störende Zweige im Inneren von Biegungen der tragenden Äste entfernt. Die ausgewählten Äste, wegen ihrer Bewegung und Ausrichtung als Blickfang am Stamm angelegt, werden harmonisch im Wechsel oder abgestuft platziert und dann zum freien Raum hin erzogen. Sie werden sich bei der Wahl der Äste mit zahlreichen heiklen Fällen konfrontiert sehen. Hierbei hilft Ihnen der MDG-Ansatz. Betrachten Sie Ihren Baum nochmals, fragen Sie sich, warum

MDG: Gestaltung gegen die Wuchsrichtung

(Blattwerk wegen der besseren Übersicht vereinfacht)

Die Gestaltung entgegen der Bewegung resultiert in hübschen, luftigen Biegungen.

MDG: Verteilung der Laubmasse

Baum, bei dem der bewegte Stamm und die Äste für den Schnitt der Pseudo-Wolken vorbereitet sind.

Sie sich für den Erhalt eines Asts entscheiden: die schönste Bewegung, die bessere Richtung? Ist auch die Stärke von Bedeutung?

Stärke

Auch wenn der Begriff erst im letzten Abschnitt der MDG-Gestaltung angesprochen wird, bedarf er doch nicht weniger Aufmerksamkeit, wenn es darum geht, Äste zu belassen oder zu entfernen. Im Grunde genommen sind alle Äste erst einmal interessant. Werfen Sie einen genauen Blick auf die Äste unterschiedlichen Durchmessers und beachten Sie wie dicht sie sind, wie sie aussehen oder wie sie sich ausrichten. Geben Sie einem feineren, dünneren, hübsch gebogenen Ast mit schöner Ausrichtung und hübschem Wuchs den Vorzug vor einem dicken, schweren und starren Ast. Ersterer verheißt Kraft und Rhythmus. Die Ausrichtung eines starken, starren und zu langen Asts wird durch einen Schnitt oberhalb einer Austriebsstelle feiner Ästchen, die entgegen seiner Wuchsrichtung treiben, geändert. Damit erhält der Baum mit dem Alter einen Ast, der eine schöne, luftige Biegung beschreibt. Diese kalligrafische Bewegung wird sich in der Zukunft zu einem kraftvollen Linienzug zwischen Fülle und Leere verstärken. Die Stärke der Äste wirkt sich entscheidend auf das Gleichgewicht des Gesamtkunstwerks aus. Betrachten Sie es eingehend und versuchen Sie Ausgewogenheit aber nicht Starrheit zu erreichen. Ein Baum mit wolkenförmigem Schnitt ist ein vegetabiles Kunstwerk, das sich vor der gemeinsamen und feinen Aufnahmefähigkeit beider Beteiligter beugt.

Gestaltung eines Wacholders

Im ersten Jahr

Dritter Schritt: Vorstufen der Wolken

Auf den tragenden Ästen ruhend, wird die vorgesehene Laubmasse erst einmal zu Vorstufen der Wolken geschnitten, aus denen die gewünschten Wolken- oder Scheibenformen gezogen werden. In diesem Stadium spricht man von „Pseudo-Wolken", weil die endgültige Form noch nicht feststeht. Diese zeigt sich erst nach etwa 5 Jahren. **In diesem Stadium muss man genügend Grün für die Pseudo-Wolken stehen lassen, um das Wachstum nicht zu sehr zu verlangsamen**, und kontinuierlich daran arbeiten, dass die Masse dichter wird. Legt man die endgültige Form der Wolken zu früh fest, so schränkt man dadurch die Möglichkeiten der Formung ein und verlangsamt diesen Prozess.
Sind die Äste und Abschnitte erst gewählt, verwandelt sich der Baum mit der Platzierung der Pseudo-Wolken in ein wolkenförmig geschnittenes Exemplar. **Man sollte dabei aber auf keinen Fall vergessen, dass das grundlegende Wesen des Baumes nicht in den Blätterwolken steckt, sondern in der Bewegung**. Christian Coureau betont dies bei seinen Kursen immer wieder. Jeder tragende Ast wird wie ein lebendiger Raum verstanden. Er soll eine einzelne Wolke tragen, deren Platzierung die Balance zwischen Leere und Fülle ausmacht. Zur Gestaltung einer homogenen Pseudo-Wolke entscheidet man sich bevorzugt für eine schöne, dichte und gut gewachsene Laubmasse, die schon alle erforderlichen Merkmale aufzeigt. Allerdings sollte man auch die kleinere, vielleicht besser platzierte und schöner ausgerichtete benachbarte Masse nicht übergehen, die sich für den ausgewachsenen Baum später als vielversprechender erweisen könnte. Das dichte Blattwerk der künftigen Pseudo-Wolken wird noch kräftiger durch alle lateralen Triebe, die aus

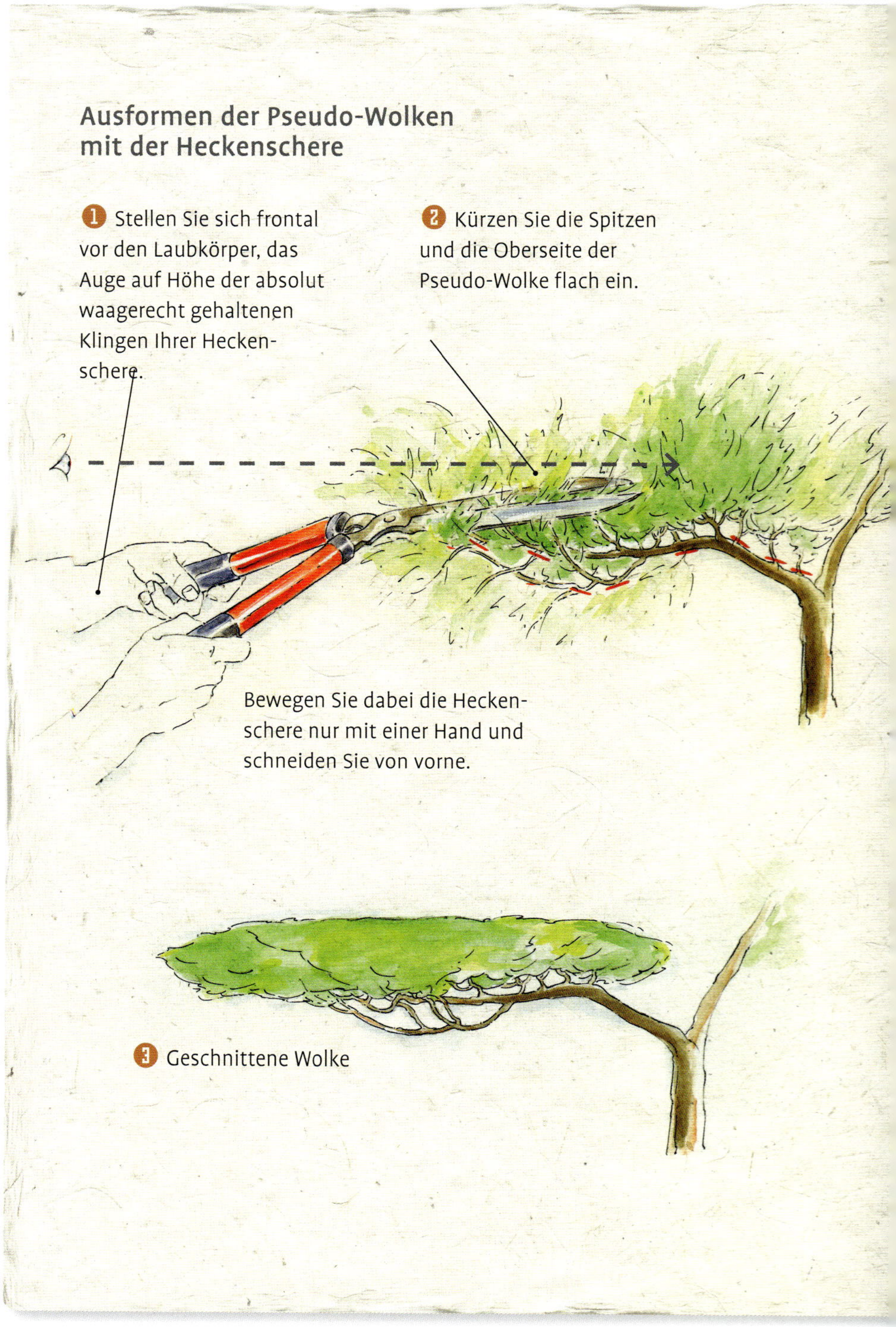

Eine im ersten Jahr gestaltete Pseudo-Wolke. Auf dieser Grundlage werden die Wolken im Laufe der folgenden Jahre endgültig ausgeformt und voluminöser.

Bei einem Baum von mittlerer Statur zeigt die spätere Pseudo-Wolke etwa die Fläche einer Hand.

dem tragenden Ast wachsen. Bei einem Baum von mittlerer Statur sollten die Pseudo-Wolken etwa auf die Länge einer Hand geschnitten sein.

Wenn man eine Pseudo-Wolke an einem eher vertikal wachsenden Seitenast gestaltet, sollte man einen oder mehrere kräftige, rückwärtige Zweige als Träger vorsehen und der Schnitt mit der Schere bestimmt die Spitze der Wolke. Unterhalb der Astspitze lässt man die tragenden Aus-/Seitentriebe stehen, damit man das Volumen der Wolke formen und weiter ausarbeiten kann.

Zur Gestaltung der Pseudo-Wolke an einem horizontalen Hauptast, sollte man innen und zur Spitze hin schön wachsende Zweige als Träger wählen, die dann selbst je nach Umfeld die Ränder der Wolke bestimmen.

Gestaltung eines Wacholders

Im ersten Jahr

Ansteigender Seitenast
Wenn der Seitenast für die spätere Pseudo-Wolke eher aufwärts wächst, kürzen Sie das Laub gerade und locker auf Höhe der Laubmasse des hinteren tragenden Zweiges ein (gestrichelte rote Linie), ohne sie flach zu drücken. Bewegen Sie dazu den Griff der Heckenschere mit einer Hand, die andere Hand halten Sie ruhig am Platz. **Stellen Sie sich dazu frontal vor die Laubmasse, das Auge auf Höhe der absolut waagerecht gehaltenen Klingen Ihrer Heckenschere,** und kürzen Sie die Oberseite der Wolke auf dem oberen Niveau der Laubmassenschicht ein. Bei diesem Fall mit **vorher bestimmter Form und Länge** der Pseudo-Wolke richten Sie einen Stab horizontal entlang des Seitenasts aus. Das hilft unterhalb des Stabs alle Triebe zu entfernen. Nehmen sie auch alle Triebe vor und hinter den später die Wolken tragenden Zweigen heraus. Danach putzen und glätten Sie das Holz des ersten sowie letzten tragenden Zweigs, indem Sie alle kleinen unnötigen sowie nach unten oder seitlich wachsenden Knospen und Austriebe entfernen. Damit wird die Linienführung sichtbar und man leitet maximale Wuchskraft in die Bildung einer dichten Laubmasse an der Pseudo-Wolke. Unterstützen Sie den Wuchs der Blattmasse noch dadurch, dass Sie die Spitzen der Wolkenzweige nach innen hin lenken und entfernen Sie im Gegenzug alle, die nach außen wachsen. Lassen Sie die oberhalb des Stabmaßes herauswachsenden Zweige am Seitenast und den tragenden Zweigen stehen und entfernen Sie jene, die nach unten gerichtet wachsen. Auf diese Weise wird die Pseudo-Wolke später von Natur aus rundlich. Bei dieser Arbeit sollten Sie nochmals einen Schritt zurücktreten und durch einen zweiten leichten Schnitt mit der Heckenschere die Oberseite der Laubmasse

Beispiellösung für einen ansteigenden Seitenast

Bei einem ansteigenden Seitenast legt der Schnitt automatisch das Ende des Astes und damit der Wolke fest.

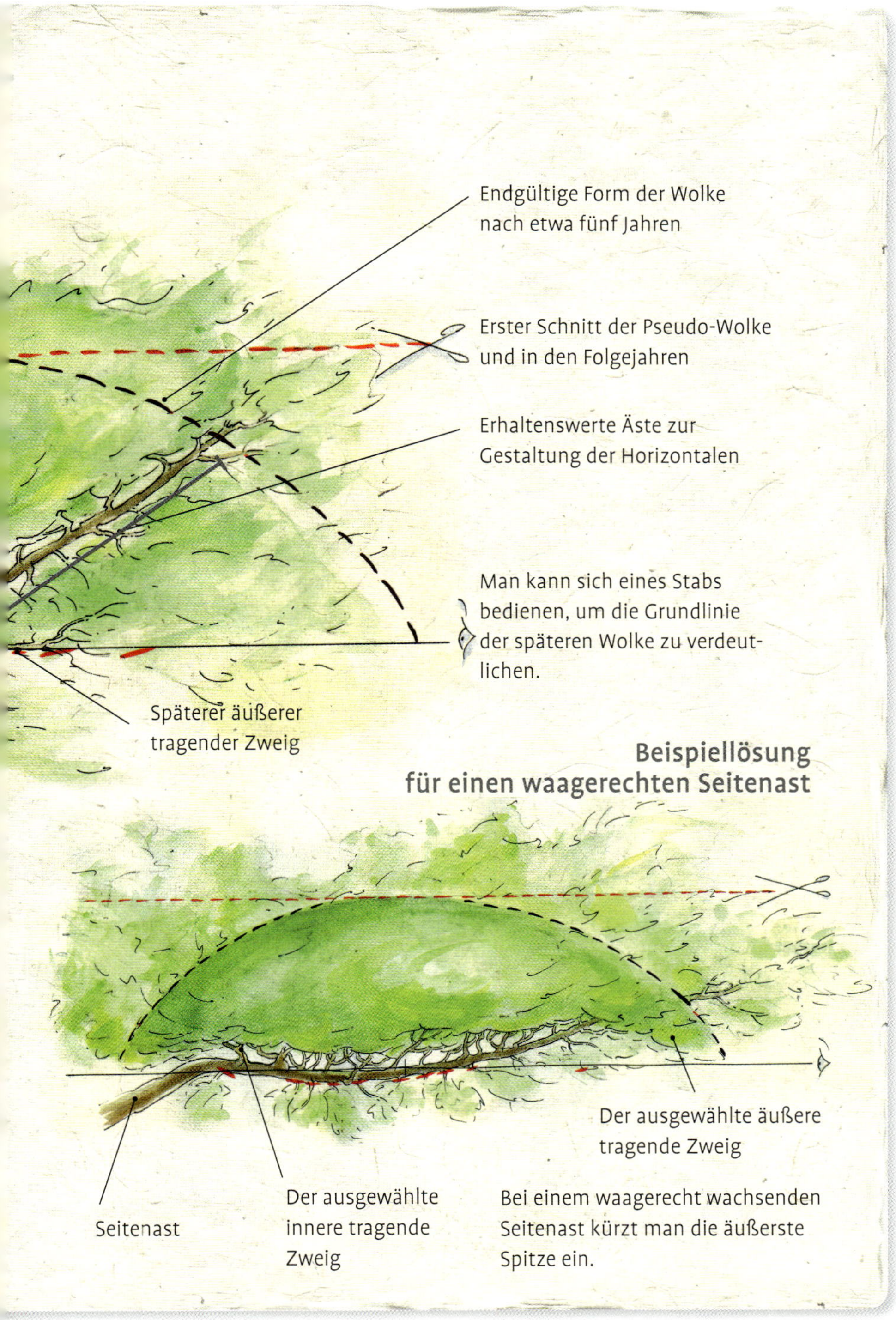

verbessern. Diese Erziehung führen Sie mit der Baumschere an den Seiten und der Unterseite der Pseudo-Wolke weiter. **Die tragenden Zweige der Wolkenmasse sollten am Ende nicht ganz so hoch sein wie die Wolke selbst.**
(Siehe dazu auch Seite 56.)

Waagerechter Seitenast

Wenn der Seitenast horizontal wächst, bestimmen Sie jeweils eine oder zwei schöne tragende Zweige als innerste und äußerste tragende Zweige der Wolke. Nachdem die Ausdehnung der Pseudo-Wolke festgelegt ist, beginnen Sie mit dem Schnitt, das Auge auf Höhe der Klingen Ihrer Heckenschere und frontal vor der Laubmasse.
Horizontal schneiden Sie genau auf der Höhe, wo das Grün am dichtesten ist. Die endgültige Dimension der Pseudo-Wolke wird durch den Schnitt mit der Baumschere an der Spitze des Seitenastes direkt hinter dem äußersten tragenden Zweig bestimmt. Dann machen Sie wie vorher beschrieben weiter.

Pflege zwischen den einzelnen Gestaltungsschritten

Ein regelmäßiger, auffrischender Schnitt des gesamten Grünvolumens je nach Entwicklung und das Abreiben des Stammes halten den Baum in Form und gesund.

Gestaltung eines Wacholders

Im zweiten Jahr

Beim nächsten Austrieb, je nach Wachstum des Baumes gewöhnlich etwa ein Jahr nach dem ersten Eingriff, empfiehlt sich eine zweite Überarbeitung, um die Form zu verfeinern. Die schnelle Entwicklung der *Juniperus*-Arten zwingt zu einer Gesamtbehandlung vom Stamm bis zu den Spitzen der Äste und zu einem Ausdünnen der zu dicht gewordenen Pseudo-Wolken.

Verfeinerung der Form

Die zweite Behandlung, mit der Baumschere, entfernt zuerst einmal einige uninteressante neue Seitenzweige an Stamm und Ästen. Abschließend werden von Hand kleine Austriebe und Flechten auf Stämmen und Ästen abgeknipst. Bei dem Grün, das nicht zu stark gewachsen ist, genügt ein einfacher Schnitt, ganz nach Belieben mit der Baumschere, Heckenschere oder von Hand.

Teilung der Pseudo-Wolken

Wenn das Volumen der Pseudo-Wolken zu massig geworden ist, muss man sie teilen. Dabei werden nun die tragenden Zweige als Seitenäste verwendet. Dieser wichtige Schritt der Teilung ist sehr kritisch, erlaubt er doch, dass der Baum zu einem schönen Exemplar mit Wolkenschnitt heranwächst. **Betrachten Sie in dieser Phase jede Pseudo-Wolke wie ein eigenständiges Bäumchen** und gehen Sie in kleinem Maßstab genau wie bei den drei Schritten im ersten Gestaltungsjahr vor:

Teilung von zu dicht gewordenen Pseudo-Wolken

❶ Zu dichte Pseudo-Wolke vor dem Schnitt

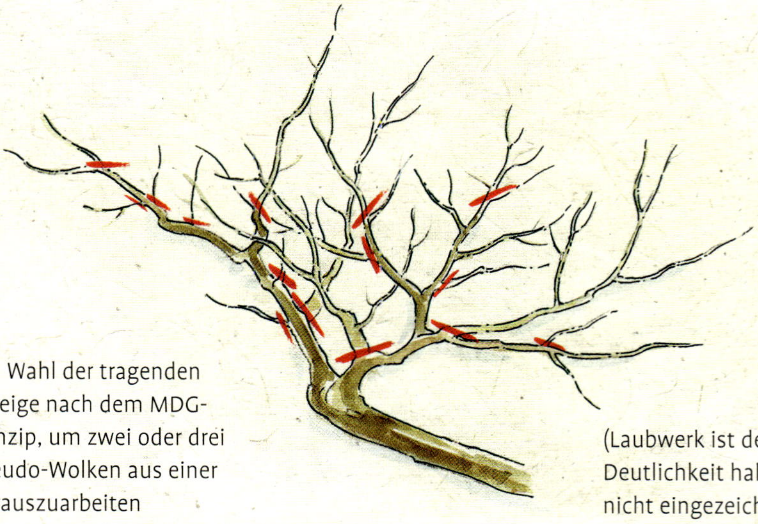

❷ Wahl der tragenden Zweige nach dem MDG-Prinzip, um zwei oder drei Pseudo-Wolken aus einer herauszuarbeiten

(Laubwerk ist der Deutlichkeit halber nicht eingezeichnet)

❸ Nach der Wahl der tragenden Zweige

(Laubwerk ist der Deutlichkeit halber nicht eingezeichnet)

❹ Neue, getrennte Pseudo-Wolken, die jeweils in unterschiedliche Richtungen wachsen

1. Herausarbeiten der Verzweigungen der Pseudo-Wolken: Dabei geht man nach dem gleichen Schema wie bei Stamm und Ästen in der ersten Gestaltungsphase vor. Man nimmt die unbrauchbaren Verzweigungen heraus und bewahrt die Grundsubstanz.
2. Aufteilen der Masse nach dem MDG-Prinzip: Das Laub wird unter Berücksichtigung von Bewegung, Wuchsrichtung und Stärke der späteren Wolken tragenden Zweige aufgeteilt.
3. Gestaltung der Wolken-Vorstufen: Wie im ersten Jahr. Wählen Sie den hinteren wie den vorderen tragenden Zweig aus, egal, ob sie in Wuchsrichtung des Asts laufen oder dagegen, um daraus zwei Pseudo-Wolken zu bilden. Zwischen diesen beiden tragenden Zweigen entfernen Sie sorgfältig alle weiteren, nun unnötigen Ästchen. Bei den Wacholdern (*Juniperus*) erfolgt die Teilung oftmals durch die Wahl des am höchsten und stärksten gewachsenen hinteren Tragzweigs der Pseudo-Wolke, dessen Wuchsrichtung dem Seitenzweig entgegen verläuft. Damit wirkt der gesamte Baum später belebter.

Allgemeine Baumpflege

Die Pflege des Baumes umfasst während des zweiten Jahres den erneuten Schnitt überall dort, wo noch nicht ausreichend am Stamm und den Seitenzweigen gearbeitet wurde. Glätten Sie den Stamm und die Äste ruhig von Hand und überprüfen sie so den Gesundheitszustand des Baumes. Dabei entfernen Sie auch die Eier, Larven oder Imagines kleiner Tierchen, die sich unter den Schuppen von Rinde und Borke, in den Verzweigungen oder Tragblättern festgesetzt haben. Dieser Eingriff verdeutlicht zudem die Schönheit und Lesbarkeit der Äste.

Gestaltung eines Wacholders

Im dritten Jahr und in den folgenden Jahren

Weitere Erziehung der Pseudo-Wolken

Vom dritten Gestaltungsjahr an muss das Ausputzen der Seitenachsen und Verzweigungen nicht mehr von Grund auf erledigt werden, der Baum ist im Prinzip „sauber". Auch schneidet man keine Äste mehr oder greift in ihre Ausrichtung ein, sofern nicht etwas Unerwartetes passiert ist. Der Baum darf leben. Man arbeitet durch einen Rückschnitt nur an der Pflege des Grüns, reinigt die Stämme von Hand und teilt eventuell zu dicht gewordene Pseudo-Wolken wie bereits beschrieben.

Endgültige Formung der Wolken

Pflegeschnitt und Teilung von dichten Wolken ziehen sich so lange hin, bis der Baum gereift ist, das heißt in der Bewegung und den Proportionen eine strukturelle sowie ästhetische Balance erreicht hat. Bei *Juniperus*-Arten wäre das etwa vier bis fünf Jahre nach dem Beginn der Gestaltung. Erst in diesem Stadium erstarrt der Wachstumsprozess langsam. Schneiden Sie die zu stark kugelig gewordene Oberfläche der Pseudo-Wolken mit der Heckenschere waagerecht und geben Sie dabei etwa 1 cm zu, um die Form zu den Rändern hin abrunden zu können. Die Baumschere benötigen Sie zum Schnitt der Wolkenunterseite, um verdorrtes Holz herauszunehmen sowie hervorgewachsene Triebe zu entfernen.

Weitere Erziehung der Pseudo-Wolken

Wie bei den vorherigen Schritten wählen Sie die tragenden Zweige mit unterschiedlicher Ausrichtung zum Seitenast aus. Sie sollten sich harmonisch in einen Freiraum hineinfügen.

Endgültige Formung der Wolken

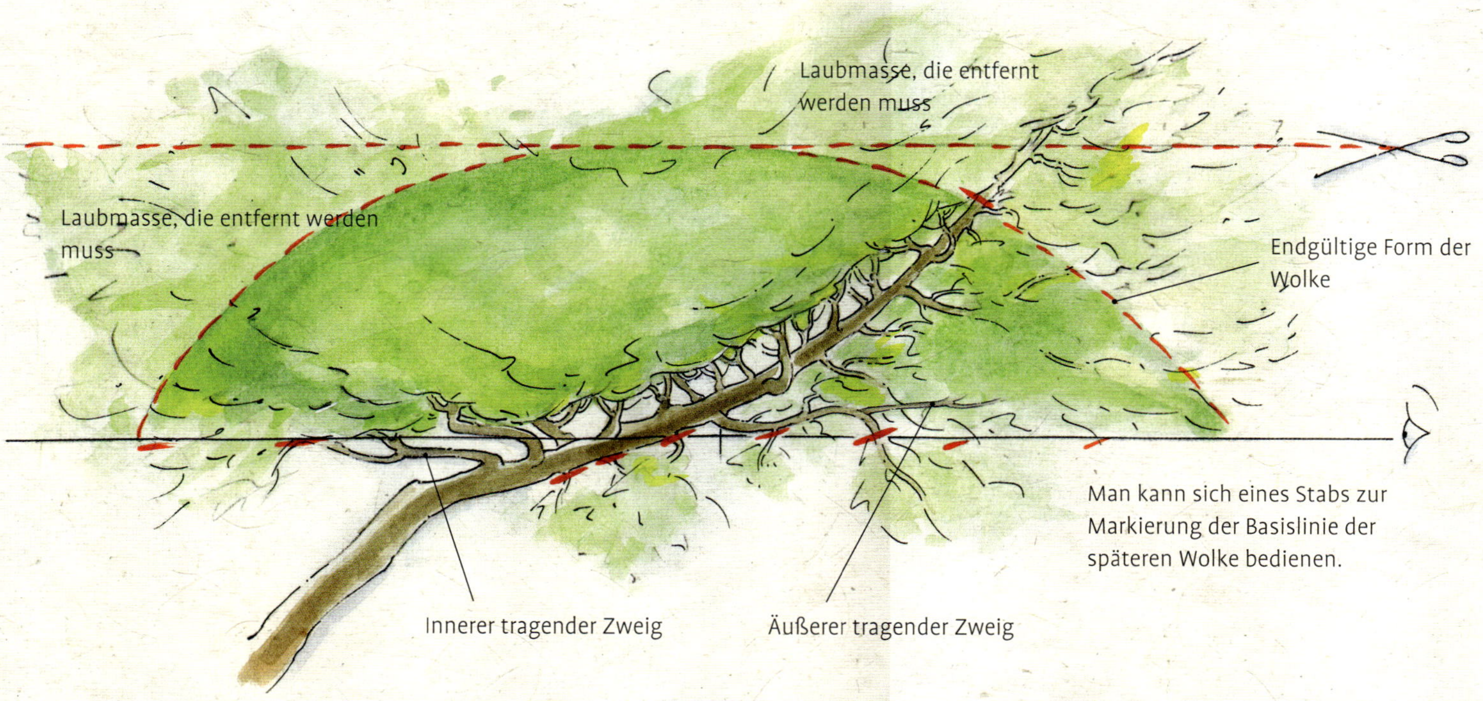

Drei Beispiele für gereifte Wacholder-Exemplare

(vier bis fünf Jahre nach dem Beginn der Gestaltung)

Gestaltung einer Kiefer

Im ersten Jahr

Im Grunde erfolgt die wolkenförmige Gestaltung der Kiefern (*Pinus*) auf die gleiche Weise wie bei anderen Arten, insbesondere den im vorangegangenen Kapitel beschriebenen Wacholdern (*Juniperus*). Man muss aber einige Besonderheiten berücksichtigen. Kiefern sind bei der Ausbildung ihrer Seitenzweige wesentlich komplexer. Jeweils sechs oder sieben Seitenachsen entspringen an einer Sprossetage umlaufend aus dem Stamm. Das macht die wolkenförmige Gestaltung komplizierter.
Kiefern sind nicht sehr „folgsam“: Die Orientierung der Zweige ist beim Schnitt oft nicht vorhersehbar, was zu späteren Überraschungen führen kann.
Man muss die Kiefern während des gesamten Wuchses beobachten und trimmen.
Die Gestaltung einer wolkenförmig geschnittenen Kiefer zieht sich darum wesentlich länger hin als bei anderen Arten. Man wendet die bereits für den Wacholder erläuterten Gestaltungsschritte in gleicher Reihenfolge etwa während der ersten drei Jahre in gleicher Weise für die Kiefer an.

Wann bearbeitet man die Kiefer?

– **Am Holz** arbeitet man das ganze Jahr. Für große Schnitte sind Juli und August ideal, weil die Vernarbung dann ohne starken Austritt von Säften erfolgt.
– **An den Wolken** arbeitet man im Frühling. Wenn sich die Jungtriebe schon zu weit entwickelt haben, ist ein Schnitt nicht mehr möglich. Ein Eingriff mit Messer oder Schere käme noch infrage, ist aber mühsam, weil man darauf achten muss, die Nadeln nicht zu kappen.

Struktur einer Kiefer mit Wolkenschnitt

Ziel des Schnitts ist die Auswahl von möglichst alternierenden und asymmetrisch gestellten primären Seitenäste um den Stamm herum („ungleiches Gleichgewicht“).

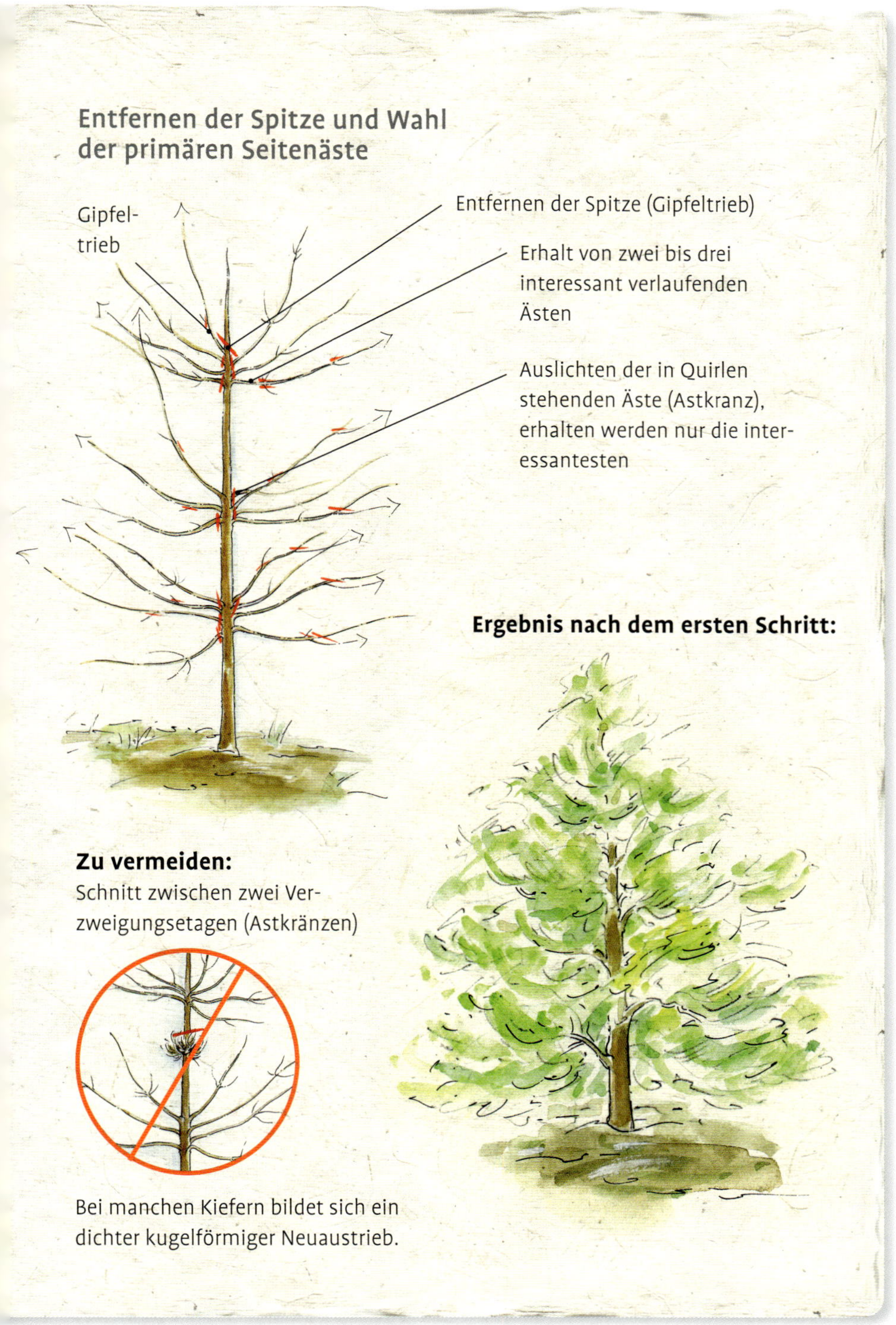

Wie bei *Juniperus* und allen anderen Bäumen gliedert sich das erste Jahr in drei Phasen:

- Erster Schritt: Herausarbeiten der Verzweigungen.
- Zweiter Schritt: Aufteilen der Grünmasse nach dem MDG-Prinzip.
- Dritter Schritt: Gestaltung der Wolken-Vorstufen.

Erster Schritt: Herausarbeiten der Verzweigungen

Im Fall der Kiefer beginnen Sie mit dem Einkürzen der Spitze (des Gipfeltriebs) direkt auf Höhe des obersten Astkranzes. Ein oder zwei Äste daraus und die Kränze darunter werden die Spitze ersetzen und eine interessante Bewegung schaffen, wenn sie nach oben wachsen. Damit wird die horizontale Orientierung der Seitenzweige harmonisch unterbrochen. Wenn man die Spitze oder die Äste bzw. den Stamm zwischen zwei Kränzen kappt, dann entwickelt sich bei manchen Kiefernarten auf Höhe des Schnitts ein dichter Ansatz kleiner Zweige. Das vermeidet man durch den Schnitt unmittelbar oberhalb eines Kranzes.

Danach geht man wie bei allen anderen Arten vor und setzt mit dem Ausputzen des Stamms von Grund auf an. Man entfernt sorgfältig alle toten und unnötigen Äste, die nach innen gewachsen sind. Dann werden alle Ansätze und Verzweigungen auf etwa 5 cm versäubert, um den Stamm und die Seitenzweige sichtbar zu machen. Das Einkürzen der erhaltenen Äste erfolgt immer nach einer Verzweigung und orientiert sich spitzenwärts, um den Habitus des Baumes zu strecken. Alle Kiefernzweige enden in Endknospen. Die daraus entstehenden Kerzen knipsen Sie im Frühling ab, damit sich die Wolkenmasse dicht entwickelt.

Gestaltung einer Kiefer

Im ersten Jahr

Zweiter Schritt: Aufteilen der Grünmasse

Man braucht viel Erfahrung mit dem wolkenförmigen Schnitt, um Kiefern zu gestalten. Das MDG-Prinzip zum Aufteilen des Grüns ist absolut zwingend. Wie bei den *Juniperus*-Arten sollte man sehr aufmerksam die Bewegung, Richtung und Stärke der Äste, die man stehen lässt, betrachten. Schauen Sie genau hin, ist doch das Auge das Hauptwerkzeug bei der Architektur und der räumlichen Linienführung des wolkenförmig geschnittenen Baums. Die meisterliche Hand folgt und sieht mit präziser Schnittführung die Launen der Kiefern voraus, die im Richtungswechsel der einmal geschnittenen Äste entgegen der gewünschten Form zum Ausdruck kommen. Bündeln Sie die Energie des Baumes durch einen vernünftigen Schnitt. Vermeiden Sie, die vor Pflanzensaft strotzenden Äste unkontrolliert nach oben wachsen zu lassen. Lenken Sie den Wuchs der erhaltenen Äste in die Breite und formen Sie Wirbel. Damit entsteht eine ästhetische und kraftvolle Bewegung um den Stamm herum.

Dritter Schritt: Gestaltung der Wolken-Vorstufen

Dieser Gestaltungsschritt, der bei Kiefern im Frühjahr erfolgen sollte, wird auf dieselbe Weise wie bei *Juniperus* durchgeführt. Wählen Sie einige tragende Zweige aus, um den Umfang und die Position der Pseudo-Wolken zu bestimmen. Zum Schnitt der Grünmasse ist hier allerdings die Heckenschere verboten: Die Kerzen knipsen Sie mit der Hand ab, und um die kleinen tragenden Zweige zu schneiden, verwenden Sie die Baumschere.
Das gesamte Laub von *Pinus*, egal ob lange

Aufteilen der Grünmasse

Man beginnt mit dem Aufteilen der Grünmasse, indem man den äußeren wie inneren tragenden Zweig bestimmt.

Gestaltung der Wolken-Vorstufen

Abknipsen der Kerzen im Frühling

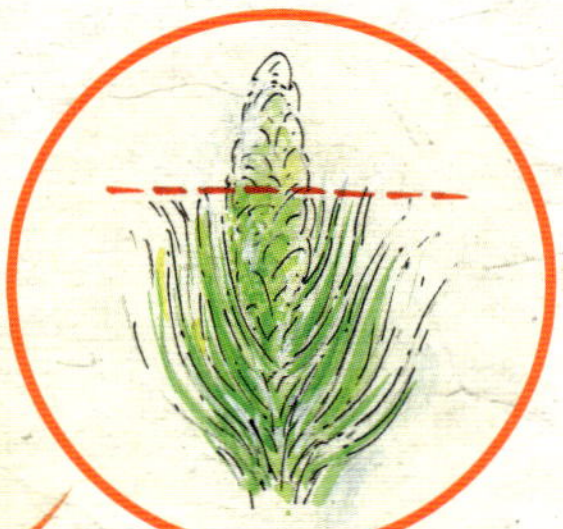

Einkürzen, indem man zwischen Daumen und Zeigefinger den oberen Teil der Kerzen in der Länge der Nadeln abknipst (pinziert)

Verspäteter Schnitt der Kerzen

Das Abknipsen ist nicht mehr möglich, daher empfiehlt sich der Gebrauch eines Messers.

Wenn das Holz zu hart ist, nimmt man eine Baumschere.

In beiden Fällen muss man darauf achten, die Nadeln nicht zu verletzen oder zu kappen, weil sie sonst braun werden.

oder kurze Nadeln, kann zu Wolken- oder Scheibenformen geschnitten werden, sofern Nadellänge und Baumgröße im Verhältnis zusammenpassen. Bei sehr langen Nadeln sollte ein Baum von guter Statur gewählt werden.

Während die Endknospen im Winter klein sind, wachsen sie im Frühjahr kräftig aus und erreichen ihre maximale Länge kurz vor der Entwicklung der Nadeln. Das ist der passende Zeitpunkt, um sie abzuknipsen. Dabei lässt man etwa ein Drittel der Länge stehen, damit die Wolken dichter werden. Wenn man etwa drei Viertel der Länge stehen lässt, gewinnt man dadurch Höhenwuchs. Zu dieser Zeit sind die Knospen sehr zart und begünstigen die Entwicklung neuer Knospen, die im nächsten Jahr treiben werden. Man muss diesen Eingriff alljährlich im Frühling durchführen.

Wenn Sie den Zeitpunkt verpasst haben, knipsen Sie bitte nichts mehr von Hand ab. Es wäre zu spät, denn Holz wie auch Nadeln sind zu weit entwickelt und der Eingriff würde noch komplizierter. In diesem Fall verwenden Sie ein Messer. Drücken Sie dessen Klinge gegen die Jungtriebe ohne die Nadeln zu berühren und kürzen Sie sie ein. Ist das Holz schon zu fest, nehmen Sie ganz vorsichtig eine Baumschere. Achten Sie darauf, die Nadeln nicht abzuschneiden, weil sie sonst braun werden. Wenn Sie den Schnitt der Jungtriebe sehr lange versäumen und folglich mit der Baumschere darangehen müssen, können sich für das nächste Jahr keine Knospen mehr bilden.

Gestaltung einer Kiefer

Im zweiten Jahr

Sobald der einjährige oder je nach Art vielleicht auch etwas längere Wachstumszyklus abgeschlossen ist, unterzieht man die Kiefer der Pflege vom Stamm bis zu den Zweigspitzen, und zwar genau wie bei *Juniperus*. Bearbeiten Sie dabei auch jene Zweige, die aus der Reihe gewachsen sind oder die Gegenrichtung eingeschlagen haben.
Neben diesen wenigen Erziehungsschnitten mit der Baumschere widmen Sie sich den Pseudo-Wolken.
Betrachten Sie die Pseudo-Wolken wie bei anderen Baumarten auch als eigenständige kleine Bäumchen. Das Ausputzen der tragenden Zweige erfolgt in verkleinertem Maßstab dessen, was Sie zur Formung des Baums schon beim Stamm und seinen primären Seitenästen durchgeführt haben. Sie entfernen die unbrauchbaren Verzweigungen, belassen aber das Volumen.

1) Ausputzen der Verzweigungen und Seitentriebe

2) Aufteilen der Laubmasse nach dem MDG-Prinzip: Lichten und richten Sie die tragenden Zweige aus. Dünnen Sie das Grün aus und teilen Sie zu dicht gewordene Pseudo-Wolken.

3) Gestaltung neuer Wolken-Vorstufen: Im Frühling wird die Laubmasse der Wolken durch das Abknipsen der Kerzen wieder ins Gleichgewicht gebracht, denn das Einkürzen der Kerzen in einer bestimmten Länge hat Auswirkungen auf die Höhe des Grüns oder die Dichte des Wuchses. Lässt man den Trieb lang, wird die Wolke höher, bei kurzem Schnitt hingegen wird die Wolke dichter.

In den folgenden Jahren

Vom regelmäßigen Schnitt einmal abgesehen, lässt man den Baum einfach wachsen, achtet aber auf seine Schönheit und Gesundheit. Man muss wissen, dass die Erziehung einer Kiefer langsamer verläuft und dass im Vergleich zum Wacholder weniger Gestaltungsmöglichkeiten existieren. Während des gesamten Lebens des Baums setzt sich der Gestaltungsprozess des zweiten Jahres fort, nicht zu vergessen das Kürzen der Kerzen im Frühling, um dichte Wolkenbüschel zu erhalten. Man darf auch das eventuell erforderliche Teilen der Wolken nicht vergessen. Der Stamm, die Astgabeln und die Äste werden von alter Borke befreit: Dabei lösen sich Parasiten und warme Farben betonen danach die linienförmige Architektur des Baumes. Es ist möglich, dass sich mit dem Altern des Baumes die Wolken zu Scheiben umformen.

Pflege

Bei erwachsenen Bäumen

Sie haben einen wolkenförmig geschnittenen Baum erzogen oder übernommen. In beiden Fällen müssen Sie bei Eingriffen am Holz oder dem Blattwerk Sorgfalt walten lassen. Vergessen Sie nicht, dass das Auge immer die Hand regieren sollte.

Pflege der Wolken oder Scheiben durch Rückschnitt

Die Pflege der Laubmassen ist unabdingbar, um die Struktur im Laufe des Baumwachstums zu bewahren. Ein rasches Wachstum kann die Form der Wolken verändern. Um das schön geformte Grün an Ihrem wolkenförmig geschnittenen Baum zu erhalten, bearbeiten Sie es ein- oder zweimal im Jahr. Das richtet sich nach der Pflanzenart und danach, ob der Baum ausgepflanzt oder im Topf kultiviert wird. Der Schnitt der Wolken kann das ganze Jahr hindurch erfolgen, wobei man Frostphasen oder starke Hitze meidet, damit das Laub nicht erfriert oder verbrennt.
Das Auffrischen der Wolken erfolgt durch einen Rückschnitt mit der Heckenschere auf Höhe der Triebspitzen, und anschließend mit der Baumschere an der Unterseite und den Rändern.
Bei den Scheiben verwendet man die Heckenschere auch für die Unterseite und den Rändern.
Unabhängig von Wolken- oder Scheibenform schneiden Sie alle kleinen Triebe ab, die aus der Struktur herausschauen, ohne das Befreien der Wolken von abgestorbenen Zweigen zu vergessen. Einige ästhetische Prinzipien sind zwingend, wenn man eine Harmonie und Balance zwischen Holz und Blattwerk der Wolke erhalten möchte. Da die tragenden Zweige der Wolken nicht über das Grün hinauswachsen dürfen, greifen Sie unmittelbar durch die Gestaltung weiterer

Pflege einer ausgeformten Wolke

Die tragenden Zweige der Wolke dürfen niemals höher wachsen als das Grün.

Pflege einer Wolke mit der Heckenschere: Führen Sie die Schere mit einer Hand und schneiden Sie auf Augenhöhe.

Besondere Pflege der Wolken auf Kiefern

Im April Abknipsen der Kerzen auf Höhe der Nadelspitzen

Pflege des Stamms

Abschuppen der Borke eines Wacholder-Stamms

Dünnere Zweige kann man durch Abreiben mit den Händen säubern.

Wolken und das Teilen der Grünmasse ein. Das macht man bei zu buschig und dicht gewordenen Wolken oder bei zu ausgeprägten Scheiben, die im ausgewachsenen Stadium ein zu starkes Gewicht im Vergleich zu ihrer Umgebung bekommen haben. Formen Sie daher eine weitere Wolke oder Scheibe wie eingangs beschrieben.

Besondere Pflege der Wolken auf Kiefern

Der Schnitt der neuen Triebe erfolgt am gesamten Baum im April ohne den Einsatz scharfer Werkzeuge. Dazu knipsen Sie zwischen Daumen und Zeigefinger alle Jungtriebe, die sich aus den Endknospen gebildet haben, etwa 4–5 cm hoch ab. Dieses Einkürzen der Triebe erfolgt auf Höhe der umgebenden Nadelspitzen. Dadurch bleiben die Nadeln der Kiefer kurz. Andernfalls würden dieselben, zu lang gewordenen Nadeln die dichte Wolkenstruktur schwächen.

Pflege des Stamms

Je nach Art und Sorte können Sie die Rinde oder Borke immer von Hand durch das Abziehen von Schuppen, Streifen oder feinen sowie stärkeren Rindenpartikeln entfernen. **Versuchen Sie aber niemals Teile abzuziehen, die Widerstand leisten. Das könnte den Baum verletzen.** Der Stamm von *Pinus pentaphylla* schält sich, der von *Pinus sylvestris* 'Gold' schuppt sich, während die Borke von *Juniperus chinensis* in Streifen abgeht. Dieser Eingriff befreit das Holz der Stämme, Äste und Astgabeln von kleinen parasitischen Lebewesen. Im Kontrast zum Laubvolumen wird die grafische Gestalt des Baumes klarer und die Farben werden frischer.

Dauer der Gestaltung

Bei einem wolkenförmig geschnittenen Baum

In einer Baumschule dauert es länger, die wolkenförmigen Bäume zu gestalten als individuell vor Ort, weil auch die Wurzeln gekürzt werden, um ihren Wuchs einzudämmen, und weil der Baum mehrfach umgepflanzt und dabei gedreht wird, um den Stamm kurvig zu formen.
Das kreisförmige Abstechen der Wurzel mit dem Spaten dient dazu, regelmäßig die Baumwurzeln um den gesamten Stamm herum zu kürzen und den Baum zu gegebener Zeit zum Verkauf oder zum Verpflanzen aus der Erde heben zu können.
Von gedrehter Verpflanzung spricht man, wenn ein Baum in der Baumschule den Standort wechselt und gleichzeitig um seine Achse gedreht wieder eingepflanzt wird. Man wendet diese Technik unter anderem dann an, wenn man die Wuchsrichtung des Baumes beeinflussen und einen gewundenen Stamm erziehen möchte (siehe S. 60).
Immer wenn man einen Baum kreisförmig absticht oder gedreht verpflanzt, verlangsamt sich sein Wachstum, während sich die neuen Wurzeln bilden.
Das Abstechen der Wurzeln oder das Verpflanzen sollte man bevorzugt im Oktober oder Frühling durchführen. Sehr wuchskräftige Exemplare sticht man alle zwei bis drei Jahre ringsum ab, die langsameren alle fünf Jahre. Bei jedem dieser Eingriffe verzögert sich das Wachstum je nach Art um etwa ein bis drei Jahre.
In der Baumschule benötigt man zur wolkenförmigen Erziehung eines Baumes, der gut 15 Jahre lang regelmäßig an der Wurzel gekappt wurde, etwa drei Jahre. Je nach Wuchs des Baumes zieht sich die Gestaltung noch 20 Jahre hin, bevor der Baum als erwachsen gelten darf. Um bei *Cupressus* oder *Pinus* die gewundenen Stämme zu erhalten, können bis zu sechs Verpflanzungen innerhalb von 20 Jahren erforderlich sein. Damit

Das kreisförmige Abstechen

Dabei sticht man rund um den Wurzelballen spatentief ab. Der Schnitt kürzt die Wurzeln ein und das unterirdische Wurzelsystem des Baumes wird dichter.

In einer Phase der Trockenheit empfiehlt es sich, den Wurzelballen vor dem Abstechen 24 Stunden lang gut zu wässern.

Juniperus-Wurzelballen im Netz zum Verpflanzen

Bei einer gedrehten Verpflanzung muss man mit dem Wurzelballen sorgfältig umgehen und ihn mit einem Netz oder Gitter sichern. Dann setzen Sie den Wurzelballen in ein vorher passend ausgehobenes Loch und verfüllen die Zwischenräume mit Erde, die sie gut andrücken und gießen. Belassen Sie den Baum dann drei bis vier Jahre an dieser Stelle.

verlieren sie etwa neun Jahre ihrer Entwicklung, bevor sie mit Wolkenformen als erwachsen gelten.
Damit dauert die Ausformung eines schönen wolkenförmigen Baumes je nach Art und gewünschter Höhe gut 40 Jahre, vielleicht auch noch länger.
Individuell vor Ort muss man sich nicht mit dem kreisförmigen Abstechen aufhalten, es sei denn man möchte den Baum irgendwann umsetzen. Ist der Baum erst einmal in einen gut durchlässigen, seinen Bedürfnissen angepassten Boden mit etwas Zugabe von natürlichem Dünger ausgepflanzt, muss man sein Wurzelwachstum nicht einschränken.
Dadurch wird auch die Entwicklung nicht gebremst und die Wolkengestaltung geht schneller als in der Baumschule. Der Baum ist schneller ausgewachsen.
Man sollte bedenken, dass jeder Eingriff, wie das Auspflanzen, Abstechen oder gedrehte Verpflanzen, für jeden Baum ein Risiko darstellt. Es kann zu Problemen beim Anwachsen kommen, die umso schwerer wiegen, je älter ein Baum ist, und die den Baum stark schwächen können. Allerdings kann das kreisförmige Abstechen der Wurzeln bei einem alternden Baum, unterstützt von mehreren Rückschnitten, zu neuer Wuchskraft führen und sein Leben verlängern.

Dauer der Gestaltung

Bei einem wolkenförmig geschnittenen Baum

Gedrehte Verpflanzung als Weg zum gewundenen Stamm

Schön gewundene Stämme kann man bei Arten wie *Cupressus* oder *Pinus* mit sehr geraden, biegsamen Stämmen durch mehrfaches Verpflanzen mit Drehung um die Achse erziehen. Dazu muss man den Baum zuerst nach Norden geneigt auspflanzen. Innerhalb von etwa drei Jahren richtet sich der Baum neu zum Licht hin aus und beschreibt einen Bogen. Das geht je nach der Härte des Holzes unterschiedlich rasch. Wenn Sie nun eine zweite Windung formen möchten, wiederholen Sie dieses Vorgehen in entgegengesetzter Richtung drei bis fünf Jahre nach der ersten Verpflanzung. Für einen weiteren Bogen können Sie neuerlich in Gegenrichtung umpflanzen.

Gedrehte Verpflanzung für gewundene Stämme

Bei jeder Verpflanzung setzen Sie den Baum nach Norden geneigt ein, sodass er sich in Gegenrichtung zur Sonne im Süden neu ausrichtet.

1 Erste Verpflanzung

2 Zweite Verpflanzung

3 Dritte Verpflanzung

Endergebnis

Metamorphose eines Wacholders im Garten

Vorher: eine unförmige Masse

Acht Jahre später: ein vegetabiles Meisterwerk. Schon im ersten Jahr wurde die Form herausgearbeitet und quasi der ausgewachsene Zustand erreicht.

Umgestaltung eines Baums im Garten

Es ist absolut möglich, innerhalb kurzer Zeit schöne wolkenförmig geschnittene Bäume aus vorhandenen ausgewachsenen Gartenbäumen zu gestalten. Man kann sogar sagen, dass außer den Säulen- und Trauerformen sowie Obstbäumen 80 % der Bäume und Sträucher wolkenförmig erzogen werden können. Im gezeigten Beispiel wurde ein alter *Juniperus* von ungestaltem Wuchs zu einem wunderbaren Wolkenbaum umgeformt. Bei alten Exemplaren wie diesem bringt man innerhalb von nur einem oder zwei Jahren schon das quasi fertige, ausgewachsene Endergebnis zuwege, weil man den Wuchs des Baumes nicht lenken sondern lediglich die Struktur herausarbeiten und die schon unter der Masse seines Grüns verborgene Lebendigkeit wecken muss. In Fällen, in denen man dem Baum noch ein wenig Bewegung geben muss, erreicht man innerhalb von vier bis acht Jahren ein wahres Meisterwerk in Grün.

Von links nach rechts: *Juniperus × pfitzeriana*, *Pinus sylvestris* 'Gold', *Juniperus* 'Kaizuka', *Cryptomeria* 'Elegans', *Pinus* 'Brégeon'

Für den Wolkenschnitt geeignete Arten

Manche Bäume sind leichter, andere schwerer in Wolken zu formen. Die Auswahl der Art sollte sich nach Ihren persönlichen Ansprüchen richten. Allerdings empfiehlt sich für Neulinge, dass sie sich mit diesem besonderen Schnitt an einem robusten, dichten Baum wie Wacholder vertraut machen, der auch rasch reagiert. Hier sehen Sie eine Artenliste, die Ihnen bei der Auswahl helfen kann.

Einfach zu gestalten:
Hainbuche (*Carpinus*)
Pfitzeriana-Sorten des Wacholders (*Juniperus × pfitzeriana*)

Relativ einfach zu gestalten:
Chinesischer Wacholder (*Juniperus chinensis*)
Eiben (*Taxus*)
Arizona-Zypresse (*Cupressus arizonica*)

Schwierig zu gestalten:
Alle *Pinus*-Arten
Scheinzypressen (*Chamaecyparis*)
Sicheltanne (*Cryptomeria*)
Steineibe (*Podocarpus*)

Wacholder
Juniperus

Wacholder empfehlen sich besonders für die ersten Erfahrungen mit dem wolkenförmigen Schnitt und bieten die meisten Möglichkeiten. Vom unteren Stamm herauf tragen sie viele starke, schön geformte Seitenzweige, die zahlreiche grafische Ausdrucksformen zeigen und eine nuancierte Beobachtung der Richtungen und Bögen bestimmter Äste erlauben. Bei der Gestaltung eines *Juniperus* machen Sie sich mit dem breiten Spektrum an Techniken bekannt, das Sie später auch bei anderen Bäumen anwenden können. In der Baumschule formt man einen reifen Baum im Wolkenschnitt innerhalb von 15 Jahren. Der Herbst eignet sich besonders gut, um den Schnitt dieses Baums anzugehen. Doch nichts hindert Sie daran, den ersten Schnitt im Frühling durchzuführen.

Juniperus chinensis

Der Chinesische Wacholder ist ein immergrüner, gestreckt pyramiden-, kegel- oder zungenförmig wachsender Baum, der ursprünglich in der Mongolei, in China und in Japan heimisch ist. Auf *J. chinensis* gehen etliche Züchtungen zurück. Der elegante Baum, der in der freien Natur 20 m hoch werden kann, ist eine langsam wachsende, winterharte Konifere, die trockene und kalkhaltige Böden sowie Temperaturen bis −15 °C verträgt. Gut gedeiht sie mit viel Licht und Sonne, sie toleriert aber auch Halbschatten. Sobald man die Rindenstreifen von Hand abgehoben hat, wirkt der fasrige, harte und hübsch rotbraune Stamm nach dem Glätten noch schöner und die warmen Farben noch lebendiger. Diese Verschönerung hebt die klaren Linien hervor und sorgt zudem für die Gesunderhaltung.

Krankheiten und mögliche Schädlinge

Obwohl die Art ziemlich resistent ist, befällt der durch verschiedene Mikro-Pilze ausgelöste Wacholderrost manchmal kleine Zweige und einige Äste. Einige Sorten von *Juniperus chinensis,* wie zum Beispiel 'Keteleeri', sind dafür sehr anfällig. Kultivieren Sie diesen Wacholder keinesfalls neben Birnbäumen, weil diese Bäume am selben Rostpilz erkranken, lediglich zu anderen Zeiten im Vegetationsjahr. Der Chinesische Wacholder wird auch von einigen Schädlingen befallen, darunter Milben und holzfressende Käfer (Prachtkäfer, Buprestidae; Borkenkäfer, Scolytidae), Blattläuse, Schildläuse und minierende Raupen der Wacholderminiermotte. Reagieren Sie bei einem Befall, indem Sie die Tiere von Hand ablesen oder Schädlingsbekämpfungsmittel ausbringen.

Wolkenförmiger Schnitt

Mit seinen zahlreichen Ästen und der guten Textur des Blattwerks weist der Baum außergewöhnliche Qualitäten für eine verdichtete Struktur auf. Die Gestaltung des Holzes dauert etwas, ist aber interessant, und der Baum lässt sich dankbar zu hübschen, kompakten und festen Wolken formen. Die Färbung der Blätter variiert je nach Standort, in voller Sonne sind sie hell, im Halbschatten dunkler. Bei *J. chinensis* gibt es zwei Typen von Blättern: Die Jugendblätter sind lang, abgeflacht und an den Rändern heller, die älteren Blätter sind kleiner und schuppenförmig. Schneidet man Letztere zu stark zurück, dann entwickeln sich eventuell neue feine Blätter. Beim Schnitt und der Pflege kann das leicht stechende Blattwerk Hautirritationen hervorrufen.

Juniperus chinensis 'Kaizuka'

Diese Sorte trägt feines immergrünes Blattwerk und ist im Sommer zu den Spitzen hin von gelbgoldener Färbung. Der Baum hat eine aufrechte, kegelförmige Statur und erreicht rasch bis 1,50 m Höhe und 3 m Breite. Bis −20 °C ist er winterhart. Er liebt sonnige bis halbschattige Standorte und verträgt trockene, kalkhaltige, steinige und gut durchlässige Böden.

Krankheiten und mögliche Schädlinge

Die bedeutendsten Schädlinge für diese Sorte sind Nadelholzspinnmilben und Läuse, die man am besten schon im Spätwinter durch das Auftragen von Rapsöl oder Vaseline eliminiert. Das Öl überzieht den Körper der Parasiten und führt zu deren Ersticken. Die Wirksamkeit kann man bereits innerhalb von 24 bis 48 Stunden nach der Behandlung erkennen. Nicht bei Frost anwenden.

Wolkenförmiger Schnitt

In seiner natürlichen Form besitzt dieser Baum kräftige Stämme, die man schon beim ersten Schritt der Gestaltung entdecken und formen kann. Die dunkle, rotbraune, schuppenförmige Borke lässt sich gut abziehen. Damit bietet sich ein hübscher Anblick von glatter Oberfläche und klaren Linien der Äste, was die goldenen Wolken noch betont.

Ein gut 30 Jahre alter Baum mit einer Höhe von 1,48 m, der 17 Jahre in der Baumschule erzogen wurde.

Ein gut 30 Jahre alter Baum mit einer Höhe von 1,70 m, der 17 Jahre in der Baumschule erzogen wurde.

Juniperus × pfitzeriana

Juniperus × pfitzeriana (auch *Juniperus × media* genannt) ist eine Kreuzung aus Chinesischem Wacholder (*J. chinensis*) und Sadebaum (*J. sabina*). Es gibt ihn in vielen Sorten, von denen 'Gold' (goldfarbenes Blattwerk) und 'Glauca' (bläuliches Blatt) gleichermaßen in Christian Coureaus Baumschule vertreten sind. Es handelt sich um einen immergrünen, tischförmig wachsenden Strauch, der Temperaturen bis −20 °C verträgt. Er erreicht eine Höhe von bis zu 5,50 m bei einer Breite von bis zu 20 m. Daher sieht er kriechend aus. Die Äste entwickeln zur Spitze hin unzählige Verzweigungen, während der Stamm für gewöhnlich relativ kahl ist. Der winterharte Baum ist nicht schwer zu kultivieren: Er wächst schnell in der Sonne wie im Halbschatten, gedeiht gut in gewöhnlichem Boden, egal ob karg, trocken oder mittelmäßig feucht, und verträgt auch Kalkböden.

Krankheiten und mögliche Schädlinge

Wie alle *Juniperus*-Vertreter kann auch diese Art hin und wieder von der Wacholderminiermotte, von Borkenkäfern oder von Milben befallen werden, was zu gräulicher oder kupferfarbener Verfärbung der Blätter führt, die dann vertrocknet und brüchig abfallen. Eine gute Baumschule wird Ihnen bei der Behandlung eines solchen Parasitenbefalls helfen.

Wolkenförmiger Schnitt

Der zu Wolkenformen geschnittene Strauch entwickelt sich sehr schnell und überzeugt durch Wuchskraft und grafische Gestalt. Gesundheit und Langlebigkeit sind die Vorzüge dieser Art.

Kiefern
Pinus

Schwieriger und langwieriger in der Erziehung als Wacholder, erfordern Kiefern eine gewisse Fertigkeit beim wolkenförmigen Schnitt. Die Ausformung zieht sich mindestens über 20 Jahre hin, bis man auf ein zufriedenstellendes Ergebnis blicken kann.

Pinus 'Brégeon'

Unter der Sortenbezeichnung 'Brégeon' versammelt sich eine ganze Palette von Sorten, darunter 'Pierrick Brégeon', 'Marie Brégeon' oder 'Gaelle Brégeon', die der Züchter Henri Brégeon aus der Schwarz-Kiefer (*Pinus nigra*) gezüchtet hat. Die Brégeon-Züchtungen werden bis zu 2,50 m hoch und wachsen stark in die Breite. Sie sind sehr winterhart und an mediterranes, Küsten-, Gebirgs- oder auch Kontinentalklima angepasst. Ihr immergrünes, stechendes Laub wächst in Form von paarweise angeordneten hübschen Nadeln. Diese bleiben in der Sonne kürzer als im Schatten, sind aber überall zartgrün und bilden attraktive Kissen. Der graue narbige Stamm ist von einer schuppigen Borke überzogen, die sich nicht ablöst. Die Anpassung der Brégeon-Kiefern an Boden und Umweltverschmutzung hängt von der geografischen Lage ab. Sie gedeihen auf allen Bodenarten, nur nicht auf stark lehmigen oder schlecht durchlässigen Böden.

Krankheiten und mögliche Schädlinge
In der Baumschule von Christian Coureau gibt es keine Pilzerkrankungen. *Pinus* 'Brégeon' ist wie die andern Kiefern auch anfällig für laubfressende Raupen, wie die des Prozessionsspinners, und Holzschädlinge, wie den Borkenkäfer. Der Befall mit den Erstgenannten schwächt den Baum zugunsten des Letzteren. Zur Vorbeugung sucht und bekämpft man die Larven der Spinner. Wenn nötig spritzt man ein Insektizid.

Wolkenförmiger Schnitt

Wegen der Schönheit des Holzes und des Nadelkleids ist *Pinus* 'Brégeon' sehr geeignet für den Garten. Der wolkenförmige Schnitt verstärkt diesen Effekt, und die offene Struktur bewirkt eine gute Belüftung von Ästen und Laub, was auch Krankheiten vorbeugt. Die Schönheit, Seltenheit und Robustheit der Brégeon-Kiefern wird von vielen ihrer Anhänger hoch geschätzt. Das ist unabhängig von frei gewachsener Struktur oder Wolkenschnitt. Wie bei allen *Pinus*-Arten kann der Schnitt starker Äste zu Harzaustritt führen, den man beobachten muss. Der Wolkenschnitt wird mit der Baum- oder Astschere und durch Abknipsen mit den Fingern gestaltet.

Diese 35 Jahre alte *Pinus* 'Brégeon', deren Gestaltung noch andauert, wird seit 19 Jahren geformt und ist jetzt 1,20 m hoch.

Pinus mugo subsp. *mugo*

Pinus mugo subsp. *mugo* (oder auch *Pinus mugo mughus*), die Gewöhnliche Berg- oder Krummholz-Kiefer, ist in den östlichen Alpen heimisch und kann 3–4 m hoch werden. Sie wächst relativ langsam und bevorzugt sonnige Standorte. An den Boden stellt sie keine besonderen Ansprüche, er darf sogar kalkhaltig sein. Der kleine, dichte, besonders winterharte Baum oder Strauch verträgt Wind und Kälte bis zu −40 °C. Sein glatter gräulicher Stamm wirft Borkenstücke ab. Er hat bei einem Durchmesser von 4–5 m ausgreifende Äste, die oft gewunden und zu den Spitzen hin nach oben wachsen. Das immergrüne, dunkelgrüne Blattwerk, das schwarz schimmert, besteht aus paarweise angeordneten Nadeln von 3–8 cm Länge.

Krankheiten und mögliche Schädlinge

Prozessionsspinner können diesen Baum im September oder im Spätwinter befallen. Die Larven bilden gesponnene Nester in der Form dicker Kokons in den Achseln der Kurztriebe und ernähren sich von den Nadeln. Zugelassene Insektizide auf der Basis von *Bacillus thuringiensis* (Bt) sind wirksam gegen die Raupen, sofern man sie in den ersten Larvenstadien vor der Bildung der Kokons ausbringt. Die jungen Prozessionsspinnerlarven sind dann empfindlich und sie haben noch keine Nesselhärchen. Wenn die Nester trotz dieses Eingriffs überdauern, sollten Sie die Bekämpfung Spezialisten überlassen. Im Folgejahr sollte man dann ab Juni eine Pheromonfalle aufhängen, um die männlichen Schmetterlinge zu fangen und die Vermehrung einzudämmen.

Wolkenförmiger Schnitt

Die Berg-Kiefer ist sehr schwer zu erziehen und das Unterfangen kann recht kompliziert werden. Die meisterhafte Beherrschung des wolkenförmigen Schnitts wäre empfehlenswert. Der Baum treibt überraschend und in wechselnde Richtungen aus, ganz anders als man es sich erhofft oder ursprünglich vorgesehen hat. Beim kreisförmigen Abstechen der Wurzeln besteht immer das Risiko, dass ganze Wurzelpartien oder Äste eingehen, weshalb man vorsichtig sein sollte. Das neuerliche Anwurzeln dieses Baumes ist nicht einfach, vor allem wenn er altert, und zudem ist der Wurzelballen nicht gut abzugrenzen. Der „Mugo“ muss während seiner Gestaltung mehrfach gedreht verpflanzt werden, wenn man das zu gerade, aufrecht Bild auflösen und einen schön gewundenen Stamm erziehen möchte.

Diese 1,30 m hohe Berg-Kiefer (*Pinus mugo*) ist 33 Jahre alt, ihre Gestaltung dauert seit 18 Jahren an.

Pinus parviflora

Die Mädchen-Kiefer (früher: *Pinus pentaphylla*) ist eine endemische Art in Japan mit immergrünem Blattwerk und einer ebenso hohen wie ausladenden Statur. Der Baum ist winterhart und seine Langlebigkeit mag an die 1000 Jahre erreichen. In ihrer Heimat wächst diese Kiefer etwa 20–25 m hoch auf. Die ihr eigene Eleganz prädestiniert sie für den wolkenförmigen Schnitt. Die Statur ist majestätisch, das Holz sehr hart und ihre Borke schuppt sich. Ihre schönen Nadeln stehen zu fünf an Kurztrieben, werden 5–6 cm lang und sind dunkelgrün mit leicht bläulichem Schimmer. Der Farbton variiert je nachdem, ob der Baum durch Sämlinge oder Ableger gezüchtet wurde. Die Unterseite der Nadeln verändert ihrer Färbung je nach Jahreszeit in silbrig leuchtenden Tönen. Im Frühling färbt sich die Nadelunterseite zitronengelb um. Das Einkürzen der Jungtriebe erfolgt stets im April und Mai, direkt vor dem Auswachsen der Kerzen (Endknospen) und der Entwicklung der neuen Nadeln. Die Triebe sind dann noch weich und können abgeknipst werden. Der Stamm zeigt eine hübsche Struktur, die durch das Abheben der Borke belebt wird. Dabei wird der braun-grau-orange gefärbte Stamm geglättet und gleichzeitig werden Parasiten entfernt. Die Mädchen-Kiefer liebt sonnige Standorte und gut durchlässige Böden. Wenn Ihr Baum im Kübel steht, vergessen Sie nicht, die Erde regelmäßig zu erneuern und dabei eine kleine Menge organischen Düngers, weniger als gewöhnlich empfohlen, beizumischen.

Krankheiten und mögliche Schädlinge

Bei dieser Art besteht die Gefahr von Pilzerkrankungen, wenn die Standortbedingungen nicht passen. Wenn es zu nass war, muss man auf Schädigungen am Wurzelhals und an den Wurzeln achten. *P. parviflora* ist zwar robust, darf aber nicht in stark verdichtetem oder sauerstoffarmem Boden kultiviert werden. Bei sehr lehmhaltigen oder schlammigen Böden sollte man im Pflanzloch zur besseren Entwässerung grobkörnigen Sand beimischen. Im Sommer ist auf Milben und Holzschädlinge zu achten. Bei Befall sollte man ein Insektizid gegen Milben ausbringen, das den Wirkstoff Abamectin enthält.

Den späten Pflegeschnitt der Wolkenformen erledigt man mit der Baum-Gartenschere ohne die Nadeln zu verletzen.

Wolkenförmiger Schnitt

Nach einigen Jahren stillen Übereinkommens mit Ihrem Baum werden Ihre Bemühungen bei der Erziehung und der Vervollkommnung der Wolkenformen belohnt. Dann genügt ein regelmäßiger Pflegeschnitt, um die Struktur und ihr schmückendes Grün zu erhalten, das nur dann geteilt werden muss, wenn sich zu dichte Massen ausbilden.

Diese hundertjährige Mädchen-Kiefer (*Pinus parviflora*) wird schon seit mehr als 70 Jahren geformt, sieben Jahre allein in der Baumschule von Christian Coureau. Der Baum ist 1,35 m hoch.

Nachfolgende Doppelseite:
Drei verschiedene Exemplare von *Pinus pentaphylla*.

Pinus sylvestris

Die Wald-Kiefer oder Föhre (*Pinus sylvestris*) ist eine in Eurasien heimische Konifere. Der hoch aufragende Baum mit festem Holz und immergrünem Blattwerk verträgt Trockenheit und Kälte. In den Wäldern Westeuropas wächst die Art sowohl in niederen als auch höheren Lagen, sie erreicht 30–40 m Wuchshöhe und lebt zwischen 600 und 1000 Jahre. Der Baum gleicht seinem Standort, er weiß sich anzupassen und er ist „geländegängig". Bei gut durchlässigen, tiefen Böden wächst der Stamm gerade. An einen steinigen Hang geklammert, krümmt und windet er sich, um eine Balance zu finden und alle Wuchskraft zum Licht hin zu lenken. Wenn man den Stamm von der Borke befreit, zeigt sich ein schöner roter Ockerton, der zur Spitze hin eine orangefarbene Tönung annimmt. Die zugespitzten Nadeln sind blaugrün, stehen zu zweit an den Trieben und ihre Länge variiert je nach zufälliger Mutation in der freien Natur. Der bevorzugte Boden von *P. sylvestris* ist eine Mischung aus sauer und basisch, trocken und feucht. Dieser leicht zu kultivierende, anspruchslose Baum gedeiht sowohl im Schatten als auch in der Sonne.

Krankheiten und mögliche Schädlinge

Trotz ihrer Widerstandskraft ist die Wald-Kiefer empfindlich für Tannenrost. Bei dieser Pilzerkrankung verfärben sich die Nadeln der Bäume vom Stamm nach außen hin rot und nach einigen Jahren sterben Äste und Triebe ab. Behandeln Sie junge Wald-Kiefern von Juli bis September mit einem Fungizid, sobald die den Pilzbefall begünstigenden Regenfälle zu erwarten sind. Und Vorsicht! Mit Nesselhaaren besetzte Prozessionsspinner lieben diesen Baum. Sie erkennen den Schädling an den 30 cm langen Kokons und der Gelbfärbung der Nadeln im Wipfel. Die Prozessionsspinner sind äußerst gefährlich, zum einen wegen des Nadelfraßes und zum anderen wegen der bei Mensch und Haustieren starke Reizungen auslösenden Nesselhaare. Bekämpfungsstrategie siehe Seite 76 unter *Pinus mugo* subsp. *mugo*.

Wolkenförmiger Schnitt

Die wolkenförmige Gestaltung ist relativ kompliziert. Doch mit etwas Erfahrung bezwingen Sie die quirlig ansetzenden Äste, und eine schöne architektonische Form wird Ihnen gelingen.

Eine gut 30 Jahre alte *Pinus sylvestris* mit einer Höhe von 1,60 m, die schon 17 Jahre lang gestaltet wird.

Nachfolgende Doppelseite:
Zwei *Pinus sylvestris*

Pinus sylvestris 'Gold'

Pinus sylvestris 'Gold' (oder 'Aurea') ist eine seltene, gedrungene, winterharte Sorte der Waldkiefer. Ihr Holz ist mittelmäßig fest, und die zahlreichen Seitenzweige bieten viele Gestaltungsmöglichkeiten für einen kalligrafischen Ausdruck des Wolkenschnitts. Das wunderschöne immergrüne, im Winter gelbgoldene Nadelkleid hellt sich sommers auf und bildet ein schönes Volumen. Dieser wunderbare Baum kann bis zu 5 m hoch werden. „Halbschatten muss man bei dieser Sorte vermeiden", erklärt Christian Coureau. Tatsächlich benötigt die langsame Entwicklung viel Licht und einen sonnigen Standort. 'Gold' reagiert empfindlich auf späten Frost, und in der Sonne nach einem frostigen Morgengrauen im Winter oder zeitigen Frühling können sich die Nadeln braun färben. Die Sorte verträgt alle gut durchlässigen Böden, die ihre Akklimatisierung erleichtern. Ihr bewundernswertes Holz, schön goldbraun und orangegelb gefärbt, schuppt sich in feinen Borkenfetzen.

Krankheiten und mögliche Schädlinge

Dieser robuste Baum kann wie alle Vertreter der Gattung *Pinus* unter einem Wurzelsterben leiden, das durch eine Mehltau-Art ausgelöst wird. Die Erkrankung entsteht vor allem in staunassen Böden und bei Koniferen in Topfkultur. Verseuchten Boden sollte man mit einer Lösung Propamocarb-HCl gießen. Bei Schädlingen sollte man auf Läuse, Raupen, Milben und Borkenkäfer achten. Sind junge Kiefern befallen, versprühen Sie ein zugelassenes Insektizid oder Milbengift. Bei alten Bäumen lassen Sie die natürlichen Fressfeinde zum Zug kommen.

Wolkenförmiger Schnitt

Sie werden diesen Baum für alle seine Qualitäten lieben. Die Schönheit von Nadeln, Holz und Habitus wirken bei wolkenförmig geschnittenen *Pinus sylvestris* 'Gold' wunderbar zusammen und bringen Ihren Garten oder die Terrasse zum Strahlen.

Etwas verspäteter Pflegeschnitt mit der Baumschere. Früher in der Saison hätte es genügt, die Knospen mit den Fingernägeln abzuknipsen.

Rechts:
Eine 25 Jahre alte *Pinus sylvestris*, die seit 16 Jahren in der Baumschule gestaltet wird.

Pinus sylvestris 'Watereri'

Die in der Baumschule Waterer & Sons gezogene Sorte *Pinus sylvestris* 'Watereri' ist ein winterharter Bergbewohner, der tiefe Temperaturen an der Grenze von −30 °C gerade noch verträgt. Von kleiner Statur und langsamem Wuchs, wird diese gewöhnlich einstämmige Kiefer zu einem etwa 3 m hohen, aufrechten Baum. Sie wächst kegelförmig und dicht und neigt dazu sich „zusammenzukauern". Man braucht einige List, um sie wolkenförmig zu erziehen. 'Watereri' wächst im Alter kugelig, sofern sie niedrig oder zwergenhaft klein bleibt. Sie gedeiht in normalen Böden. Das feste braunrote Holz trägt eine schartige Borke, die sich ablöst. Ihr immergrünes Nadelkleid ist dicht und die Nadeln schimmern bläulich grün.

Krankheiten und mögliche Schädlinge

Bei Koniferen wie *Pinus sylvestris* 'Watereri' können Pilze in der Baumschule die Sämlinge und Jungpflanzen vernichten, wenn der Boden infiziert und zu nass ist. Ausgepflanzt bedrohen Braunfäule (Kiefern-Braunporling), Hallimasch (*Armillaria*) und der Kiefern-Baumschwamm (*Phellinus pini*), der Weißfäule im Kernholz des Stammes verursacht, diese Art, doch diese Pilze sind relativ selten. Außerdem sollte man auch die Prozessionsspinner im Auge behalten. Bekämpfungsstrategie siehe Seite 76 unter *Pinus mugo* subsp. *mugo*.

Wolkenförmiger Schnitt

Zur Gestaltung der Struktur muss man an dieser Kiefer die Äste möglichst raumgreifend erziehen und die Wolken harmonisch verteilen, um dem kauernden, nach innen gerichteten Wuchs entgegenzuwirken. Der kompakte Baum wird besonders markant, wenn man die oberen Spitzen entfernt und die vertikale Ausrichtung bricht, indem man die Seitenäste in die Breite erzieht. Seine wolkenförmige Gestaltung erfordert die künstlerische Beherrschung des Wolkenschnitts.

Rechte Seite:
Pinus sylvestris 'Watereri' im Alter von 30 Jahren, deren Gestaltung schon gut 15 Jahre andauert.

Pinus 'Thonney'

Pinus 'Thonney' ist eine sehr seltene, gedrungen wachsende Züchtung des schweizerischen Baumzüchters Brégeon. Das immergrüne Nadelkleid besteht aus dicken, sehr stechenden, dunkelgrünen Nadeln von etwa 10 cm Länge. Der Stamm hat eine schöne Borke. Wenn man sie vorsichtig abhebt, erscheint eine hellgraue Schicht und man beugt dadurch auch Parasitenbefall vor.

Krankheiten und mögliche Schädlinge

Obwohl Ihre Pflanzenskulptur ziemlich widerstandsfähig ist, sollten Sie sie wie Ihren Augapfel hüten. Mykosen und Schadinsekten werden an *Pinus* 'Thonney' gelegentlich beobachtet. Im Zweifelsfall wenden Sie sich bei einer Diagnose an Ihre Baumschule.

Wolkenförmiger Schnitt

Eine Erziehung auf diese Weise bringt ein schönes Ergebnis, denn die kraftvollen, reinen Linien der Äste und die betonte Eleganz der dichten Wolken füllen den Raum mit dem Gegensatz von Fülle und Leere harmonisch aus. Durch seine Seltenheit und Schönheit weist dieser Baum sowohl im ungestalteten wie wolkenförmig geschnittenen Zustand alle Pluspunkte für den künstlerisch ausgefeilten, wolkenförmigen Schnitt des Stamms und der Nadeln auf. Die Kerzen haben eine schöne Größe und tragen einen silbrig-weißen Flaum, bevor die Nadeln wachsen. Die Höhe der Kerzen wird bei der Pflege der Wolkenformen auf die Länge der Nadeln eingekürzt.

Eine gut 40 Jahre alte *Pinus* 'Thonney', die seit 22 Jahren gestaltet wird und etwa 2 m hoch ist.

Andere Koniferen

Die nachfolgend genannten Bäume lassen sich relativ leicht und auf gleiche Weise wie *Juniperus* bearbeiten. Der Gestaltungsprozess dauert je nach Art etwa ebenso lange.

Chamaecyparis obtusa 'Nana Gracilis'

Diese Zwergform der Hinoki-Scheinzypresse kommt aus Japan und ist der geheiligte Baum des Shintō-Kults. Man findet sie in der Nähe jedes Tempels, wo sie im Mittelpunkt ritueller Handlungen anlässlich der Feuerzeremonie steht. Das Ritualfeuer wird durch das Reiben zweier Hinoki-Äste entzündet. Der Baum hat sich gut an das europäische Klima angepasst und ist winterhart bis −20 °C. Die Sorte hat sich auch ein wenig weiterentwickelt. 'Nana Gracilis' liebt die Sonne, wo sie dichter und gedrungener wächst, im Halbschatten auf sauren wie kalkhaltigen, gut durchlässigen Böden dagegen wächst sie linearer. Mit seiner kleinen Statur wird der Baum mehrheitlich nicht höher als 1–1,50 m. Die jungen Bäume haben einen seltsam buckligen Habitus. Wenn sie älter werden, wachsen sie kegel- oder pyramidenförmig auf. Das glänzende immergrüne Laub, dunkelgrün oder grünblau, ist immer in Bewegung und zeichnet kontrastreiche wogende Wellen. Der hellere Farbton der jungen Blätter hellt im Frühling das Ensemble im Kontrast zu den alten Blättern auf. Der braunrote Stamm, von einer faserigen, weichen Borke überzogen, überrascht mit dem Alter durch seinen Verlauf. Schon beim Keimen außergewöhnlich, verwandelt sich der Stamm der Hinoki-Scheinzypresse in einen Elefantenfuß und verankert sie mit spektakulärem Kraftaufwand im Boden.

Krankheiten und mögliche Schädlinge
Bei Krankheiten oder Parasitenbefall behandeln Sie Ihr Bäumchen gemäß der Diagnose Ihrer Baumschule. Von Mykosen bleiben die Bäume auch nicht verschont. *Phytophthora* (Mehltau) führt zu Wurzel- und Stammfäule. Manche Schädlinge, wie Schildläuse, machen sich über junge Zweige und zarte Blätter her, während andere, wie die Larven von Rüsselkäfern, die Wurzeln anfressen.

Wolkenförmiger Schnitt

Eine wolkenförmige Gestaltung dieser Art ist mit etwas Erfahrung und Sachkenntnis machbar. Das permanent bewegte, vielgestaltige, dichte Laubvolumen in rhythmischen Kurven ist schwer zu formen. Und trotzdem ist diese kleine Konifere mit den bezaubernden Blättern und schönen Proportionen sehr ästhetisch anzusehen. Sie ist anspruchslos, robust und zählt zu Christian Coureaus Lieblingsbäumen, obwohl der Schnitt schwierig ist und Äste nur schwer in die gewünschte Richtung zu zwingen sind. In einer zurückgenommenen Landschaftsgestaltung wird der Baum zur Augentäuschung, indem er die ursprünglichen Proportionen verschleiert und größer macht.

Gut 40 Jahre alte Scheinzypresse *Chamaecyparis obtusa* von 2 m Höhe. Die Gestaltungsarbeit ist nach 20 Jahren abgeschlossen.

× *Cuprocyparis leylandii*

Die Leylandzypresse ist eine Gattungshybride, die in England aus der natürlichen Kreuzung einer Goldzypresse (*Xanthocyparis*) und einer Echten Zypresse (*Cupressus*) entstand. Der winterharte Baum trägt ein immergrünes, buschiges Laub und wächst säulenförmig 20–30 m hoch auf, dabei wird er 3–5 m breit. Die schnell wachsende Leylandzypresse gedeiht auf jeglichen tiefen und gut durchlässigen Böden. Auch wenn sie volle Sonne bevorzugt, wächst sie dennoch im Halbschatten.

Krankheiten und mögliche Schädlinge

In den Baumschulen wird derzeit eine neue Generation der Hybride vertrieben, die widerstandfähiger gegen Krankheiten ist. Leylandzypressen, die in schweren, zu nassen Böden stehen, sind anfällig für Pilzerkrankungen des Wurzelhalses und der Wurzeln. Ausreißen ist unumgänglich, sobald die Wurzelfäule sich bemerkbar macht oder der Zypressenkrebs den Stamm schädigt. Die betroffenen Partien des Baumes sondern reichlich infiziertes Harz ab. Die Bäume werden auch von Spinnmilben, wie *Tetrarynchus urticae,* befallen, die das Blattwerk austrocknen, und von großen Blattläusen, die die Zweige und Blätter ab dem Spätwinter befallen. Bei solchem physiologischen Stress bohren Borkenkäfer unter der Rinde Gänge und blockieren den Strom des Pflanzensafts. Das verursacht Anschwellungen und starken Harzaustritt.

Wolkenförmiger Schnitt

Die rasche Formgestaltung wird Sie wunschlos glücklich machen. Allerdings erfordert die Pflege sehr regelmäßiges Schneiden, um das starke Wachstum einzudämmen und den wolkenförmigen Schnitt auszubauen.

Leylandzypresse zu Beginn der Erziehung.

Eine etwa 25 Jahre alte, 2,50 m hohe Leylandzypresse, die seit gut zehn Jahren bearbeitet wird. Die Gestaltung dauert noch an.

Cupressus arizonica 'Glauca'

Die Blaue Arizona-Zypresse hat einen aufrechten, pyramidenförmigen Habitus und kann 10–25 m Höhe erreichen. Der junge Baum zeigt ein ansteigendes Geäst, das sich mit dem Alter öffnet und ringsum in die Breite wächst. Diese in den Vereinigten Staaten, genauer Texas und Arizona, heimische Art gedeiht in ariden Lagen und im Gebirge in Höhen zwischen 1800 und 2500 m. In der freien Natur bilden die Bäume Grüppchen, niemals jedoch große Wälder. An sonnigen Standorten wächst der Baum ziemlich rasch. Er ist angepasst an Böden aller Art, schätzt saure wie kalkhaltige, eher trockene Böden und verträgt Temperaturen bis −20 °C. Ist der Stamm erst einmal von alter Borke befreit, bezaubert die darunterliegende Schicht durch ihre Glätte und das Ton in Ton gehaltene Rot.

Krankheiten und mögliche Schädlinge

Auf geeigneten Böden ist die Art sehr widerstandsfähig. Gewöhnlich stirbt am Baum nicht viel ab. Allerdings sollte man auf Zypressenkrebs sowie Anzeichen von Wurzelfäule achten. Die größten Feinde der Zypresse sind kleine Milben bei zu großer Trockenheit.

Wolkenförmiger Schnitt

Die wolkenförmige Gestaltung von *Cupressus arizonica* ist schnell gemacht.

Das Abschälen der Borke macht die besonders attraktiven weinroten Farben des Stamms sichtbar.

Rechts:
Eine etwa 30 Jahre alte Zypresse im Gestaltungsprozess. Geschnitten wird der 2,10 m hohe Baum in der Baumschule seit 17 Jahren.

Cryptomeria japonica 'Elegans'

Diese Sorte der Japanischen Sicheltanne aus der Familie der Taxodiaceae ist ein wunderbarer Zierbaum mit immergrünem Laubder etwa 3–7 m hoch wird. Man erkennt sie an den feinen, zarten Nadeln, die sich federweich anfühlen. Im Sommer sind sie blaugrün und im Winter färben sie sich in hellvioletten bis kupferroten Tönen. Der schnell wachsende Baum ist in der Baumschule wegen der Verpflanzungen nur schwer zu kultivieren. Mit dem Wurzelsystem muss man äußerst sorgfältig umgehen. Im Winter sollte man den Schnee herunterfegen, damit das empfindliche Holz nicht unter der Schneelast bricht. Da *Cryptomeria japonica* 'Elegans' frische, leichte, saure oder kalkhaltige Böden bevorzugt, sollten Sie einen solchen Platz an sonniger Stelle vorsehen. Die Sorte ist winterhart, aber Temperaturen unter −20 °C schaden ihr.

Krankheiten und mögliche Schädlinge

Baumschulen fürchten das Welken der Sämlinge aufgrund von Mehltau. In den Pflanzungen können sich Braunfäule der Nadeln, Krebs und Milben entwickeln. Man behandelt unmittelbar nach der Diagnose der Symptome.

Wolkenförmiger Schnitt

Der etwas außergewöhnliche Wuchs ist leicht zu handhaben, sobald der Grundschnitt der Wolkenformen gestaltet ist. **Kunstfertigkeit und sanftes Vorgehen sind aber bei der Gestaltung erforderlich.** Es geht langsam voran und ist sehr langwierig, bestimmt vom gerade, mittig aufragenden Stamm und den sehr linearen Seitenzweigen erster Ordnung. Man darf auch das MDG-Prinzip nicht außer Acht lassen. Schöne Biegungen kann man herausarbeiten, sofern man an den zu starren, zu langen Ästen die abweichenden Richtungen wählt, um hübsche Stellen für die Wolken tragenden Ästchen auszumachen. Damit entsteht bei der späteren, weichen Pflanzenarchitektur ein Gleichgewicht, das sich im Wechsel der Jahreszeiten noch wandelt.

Eine erfolgreich vollendete *Cryptomeria japonica* 'Elegans' von 2,30 m Höhe: Sie ist gut 40 Jahre alt und wurde 21 Jahre lang geschnitten.

Podocarpus macrophyllus

Die Gewöhnliche Tempel-Steineibe, *Podocarpus macrophyllus,* ist ursprünglich im Süden Japans sowie in Südchina beheimatet und gehört zur Familie der Podocarpaceae. Sie wächst langsam und ist nur gering bis mäßig winterhart. Die säulenförmige und pyramidale Statur des Baums erreicht bis zu 15 m Höhe. Das Blattwerk ist immergrün und von weicher, dichter Textur; die hübschen Nadeln sind flach, robust und an den Kanten leicht gerundet, von leuchtend grüner Farbe und auf der Rückseite graugrün. Da die Steineibe Frost und Zugluft nicht verträgt, sollte sie bevorzugt auf einem Südgrundstück in voller Sonne stehen. Allerdings macht ihr auch Schatten und feuchter Boden nichts aus, solange man Staunässe vermeidet. Das erkennt man daran, dass sich die Nadeln gräulich verfärben. Alle vier bis fünf Jahre sollte man den Wurzelballen rundum abstechen. Dieser Zierbaum besitzt außer seiner natürlichen oder der durch die Verwandlung im wolkenförmigen Schnitt gegebenen Schönheit viele hoch geschätzte Vorzüge: schmackhafte Früchte, die sich in vielen Nachspeisen finden, und einen wunderbaren Duft, den abgebrochene Nadeln verströmen. Die im Winter roten Früchte bestehen aus zwei unterschiedlich dicken Fruchtkörpern. Sie sehen aus wie eine kleine Buddhafigur, die beide Arme auf dem Bauch verschränkt.

Krankheiten und mögliche Schädlinge

Die Tempel-Steineibe leidet unter Wurzelfäule und ihre erklärten Feinde sind Milben, Blattläuse und Schildläuse (*Pulvinaria regalis*), die man durch reichliches Abbrausen, Ablesen von Hand oder Abschneiden der betroffenen Triebe loswerden kann. Auch das Versprühen eines zugelassenes Insektizids auf der Grundlage von Abamectin ist wirksam.

Wolkenförmiger Schnitt

Beim wolkenförmigen Schnitt sollte man sich an neue Seitentriebe und wechselnden Rhythmus wagen, um strukturierte und klare Linien zu erhalten.

Eine 45 bis 50 Jahre alte Tempel-Steineibe, die in Japan 15 Jahre lang geformt wurde und danach zehn Jahre in der Baumschule. Sie ist 2,80 m hoch.

Taxus baccata, Taxus cuspidata

Die Europäische Eibe, *Taxus baccata,* und die Japanische Eibe, *Taxus cuspidata*, zwei Koniferen aus der Familie der Taxaceae, ähneln einander sehr und eignen sich wunderbar für den wolkenförmigen Schnitt. Die Erstgenannte ist in Europa heimisch, die zweite in China und Japan. Beide lieben lichtdurchflutete, halbschattige Standorte. Die überaus gesunden, winterharten Bäume sind langlebig und gedeihen sowohl ausgepflanzt wie in Topfkultur. Sie werden zwischen 10 und 15 m hoch und durch das langsame Wachstum eignen sie sich sehr gut für den wolkenförmigen Schnitt oder andere Zierschnitte in Form von Hecken oder Topiaria. Das immergrüne Blattwerk besteht aus zarten Nadeln von dunkelgrüner Farbe, deren Rückseite heller ist. Alle Teile des Baumes mit Ausnahme des roten fleischigen Samenmantels (Arillus) sind giftig.

Krankheiten und mögliche Schädlinge

Eiben sind robust und widerstandsfähig gegen parasitierende Schadinsekten und gefräßige Raupen auf den Nadeln und Trieben. Allerdings bilden die Larven von Rüsselkäfern an den in Baumschulen und den in Töpfen kultivierten Exemplaren eine Gefahr. In manchen Gärten heften sich Schildläuse an der Rinde der Zweige an und verursachen eine Braunfärbung der Nadeln. Pilzbefall hat gewöhnlich keine Auswirkung auf die Gesundheit der Eiben. Wenn sich Ihre grüne Eibe gelb verfärbt, reduzieren Sie die Bewässerung und achten Sie darauf, den Boden zu lockern. Steht ein Exemplar mit gelbgoldenem Blattwerk zu sehr im Schatten und vergrünt dadurch, sollten Sie es umsetzen. In beiden Fällen wird sich die Eibe erholen und kraftvoll weiterwachsen.

Wolkenförmiger Schnitt

Geschnittene Eiben bestechen durch Schönheit und Wuchskraft. Es lohnt sich, die braunrote Borke von *Taxus cuspidata* durch vorsichtiges Ablösen der obersten Schicht zur Geltung zu bringen.

Borke von *Taxus cuspidata.*

Eine 50-jährige *Taxus cuspidata* von 2,30 m Höhe, die seit 20 Jahren in der Baumschule geformt wird.

Laubbäume

Die Erziehung dieser Bäume unterscheidet sich nicht von der bei Wacholdern. Manche, darunter die Hainbuche, lassen sich relativ leicht und ohne Überraschungen gestalten. Andere, wie der Japanische Ahorn, Eichen oder die Portugiesische Lorbeerkirsche, können größere Schwierigkeiten machen. Die Gestaltungsdauer richtet sich je nach Art und Wuchsform des Baums. Bäume mit gerade aufrechtem Stamm und dichtem Wuchs nehmen mit 10 bis 20 Jahren bei den langsamsten Arten längere Zeit in Anspruch. Die Besonderheit der Laubbäume entsteht in erster Linie durch die Knospen, die man je nach Richtung zur Strukturbildung auswählt.

Carpinus betulus

Die Gewöhnliche Hainbuche ist ein bekannter Laubbaum aus unseren Wäldern. Sie wächst rasch und kann als ausgewachsenes Exemplar ungeschnitten eine Höhe von 8–10 m erreichen sowie einen Kronendruchmesser von 4,50 m. Sie lebt etwa 150 Jahre. Im gemäßigten Klima der Nordhalbkugel beheimatet, verträgt der Baum keine Hitze und leidet in den Hundstagen besonders. Mit einer ordentlichen Frosthärte ausgestattet, bevorzugt der Baum dagegen eher den Halbschatten oder leichten Schatten. Hinsichtlich der Böden ist die Hainbuche recht tolerant, gedeiht aber eher auf fetten, frischen und tiefen Böden. Ihr Holz ist hart und trägt eine charakteristische graue, glatte Rinde. Bei jungen und bei im Sommer geschnittenen Exemplaren bleibt das trockene Blattwerk im Winter am Baum und fällt erst, wenn die Frühjahrstriebe schieben. Dadurch behält der Baum den gesamten Winter über eine schöne rotbraune Farbe. Die Art ist leicht zu kultivieren und eignet sich sogar für den extremsten Schnitt.

Krankheiten und mögliche Schädlinge

Die Hainbuche ist recht widerstandfähig gegen Pilzerkrankungen der Blätter, sogar gegen Mehltau, Rost und Pilzerkrankungen, die braune Flecke verursachen. Allerdings ist sie anfällig für Krebs am Holz, der sich an den Wunden schlecht vernarbter Schnitte oder den Stümpfen nach schlechtem Ausasten bilden kann. Die Hainbuche reagiert ab dem Spätfrühling empfindlich auf einige Schadinsekten wie Wollläuse (*Eriosoma lanigerum*), Schildläuse und Blattläuse.

Wolkenförmiger Schnitt

Die wolkenförmige Umgestaltung bringt hübsche Formen mit gewundenen Zweigen voller dekorativer Blattmassen hervor, die je nach Jahreszeit grün oder rostbraun sind. Es empfiehlt sich, die Laubmasse eher scheibenförmig als wolkenförmig zu schneiden. Beachten Sie, dass bei den meisten Laubbäumen die Knospenspitze einen Hinweis auf die Wuchsrichtung der späteren Zweige gibt.

Eine 20 Jahre alte Hainbuche, deren Formgestaltung seit sieben bis acht Jahren andauert.

Parrotia persica

Die Parrotie, deren französischer Trivialname mit Eisenstrauch übersetzt werden kann, gehört zur Familie der Zaubernussgewächse und ist ein sommergrüner Strauch. Sie kam aus dem Iran und dem Kaukasus zu uns. Das dekorative Wunder kann 5–10 m hoch werden und hat einen grauen Stamm mit cremefarbenen Flecken. Parrotien wachsen kraftvoll und elegant, sowohl in der freien Natur wie im wolkenförmigen Schnitt. Sie bevorzugen fette, saure Böden und sind bis −25 °C winterhart. Die großen elliptischen Blätter sind in der oberen Hälfte abgerundet gezähnt, im Sommer zartgrün und werden 10–20 cm lang. Die winzigen blattlosen Blüten mit roten Staubblättern, die in Sträußen zusammenstehen, sind von braunen, samtigen Deckblättern umgeben, die im Spätwinter vor den Laubblättern erscheinen.

Krankheiten und mögliche Schädlinge
Die Parrotie ist sehr resistent gegen Krankheiten und Schädlinge.

Wolkenförmiger Schnitt

Die rebförmigen Stämme vertragen den Schnitt sehr gut und bieten viele schöne und ausdrucksvolle Gestaltungsmöglichkeiten der späteren Scheibenformen und der tragenden Zweige. Ihre Blätter, größer als die des Japanischen Ahorns, bilden große, feine Scheiben, die sich im Herbst rötlich oder rostrot färben. Stechen Sie die Wurzeln des Strauchs etwa alle drei Jahre rundum ab. Die schöne grau-beige Borke der Stämme häutet sich in Schuppen und macht glatte Flächen in hellem Gelb sichtbar.

Eine 25-jährige *Parrotia* von 1,50 m Höhe, die seit 11 Jahren gestaltet wird.

Weitere Bäume, denen der Wolkenschnitt steht

Sehr viele Arten von Bäumen lassen sich wolkenförmig schneiden. Von den Arten, die Christian Coureau nicht selbst in seiner Baumschule kultiviert, eignen sich auch die folgenden.
Jeder wolkenförmig geschnittene Baum sollte eine Laubmasse haben, die in ausgewogenem Verhältnis zur Blattgröße steht. Bäume mit großen Blättern brauchen eine wirkungsvolle Struktur. Eine Platane im Wolkenschnitt, deren Blätter sehr groß sind, muss mindestens eine Ausladung von 10 m haben. Kleinblättrige Arten hingegen passen zu großen wie kleinen Dimensionen.

Acer palmatum

Die zahlreichen Sorten von *Acer palmatum,* dem Fächer-Ahorn, sind Bäume oder Sträucher mit elegantem Wuchs, die man mit Freude wolkenförmig schneiden kann. Als bezaubernde Scheibenformen gestaltet, zeigt sich das herbstliche Laub in einem Feuerwerk von Rot über Orange und Violett bis Gelb. Der sehr fragile und wenig voluminöse Schnitt dieser Pflanzenkreationen wird überwiegend mit der Baumschere oder von Hand gemacht. Das brüchige Holz ist ein Sammelbecken für Krankheiten, wenn der Schnitt schlecht ausgeführt wurde.

Krankheiten und mögliche Schädlinge

Achten Sie auf Symptome von Pilzerkrankungen, insbesondere Mehltau und Wurzelfäule bei zu feuchten Böden.

Buxus sempervirens

Buchsbaum, *Buxus sempervirens*, wächst langsam, wird aber sehr alt. Der 5–6 m Höhe erreichende Baum oder Strauch scheint frische und feuchte Böden zu bevorzugen, aber seine spontane Ausbreitung auf trockenen, sandigen Böden zeigt, dass Hitze ihm wenig ausmacht. Im Frühling treibt er in den Achseln kleine, nektarreiche, fein duftende Blüten, die stark von Bienen besucht werden. Seine Eignung für den Zierschnitt bringt nicht nur wunderbare Hecken und Topiaria hervor sondern auch wolkenförmig geschnittene Bäume. Mit dem langsamen Wuchs geht jedoch eine mehrjährige Formgestaltung einher, die auch noch durch Wachstumseinbußen nach den erforderlichen gedrehten Verpflanzungen verlangsamt wird.

Krankheiten und mögliche Schädlinge

An günstigen Standorten ist dieser Strauch widerstandfähig gegen Krankheiten. Wenn er aber in zu feuchten oder regelmäßig neben Rasenflächen bewässerten Böden steht, können sich Nekrosen an den Schnittwunden bilden. Dafür ist in erster Linie der Pilz *Cylindrocladium buxicola* verantwortlich, der eventuell schon aus dem Pflanzenhandel mitgebracht wurde. Es ist also wichtig, dass Sie gesunde Pflanzen in Gärtnerqualität kaufen, um die im Garten schon vorhandenen Buchsbäume nicht anzustecken. Bei Erkrankungen sollten Sie die braunen Stellen unverzüglich entfernen. Fungizide zur Bekämpfung sind derzeit nicht ausgewiesen.

Fächer-Ahorn gestaltet man scheibenförmig.

Dieser 40 bis 45 Jahre alte Buchsbaum wird seit 23 Jahren gestaltet. Er ist 2,10 m hoch.

Cedrus atlantica

Die Atlas-Zeder ist eine mächtige winterharte Konifere aus Nordafrika, wo sie in Höhenlagen zwischen 1000 und 1500 m auf frischen Böden wächst. Um das 25. Lebensjahr herum wird die Borke rissig und bildet braune Schuppen. In wolkenförmigem Schnitt erzogen, behält die Zeder ihren ausgreifenden und gestreckten Habitus der Äste, die man scheibenförmig schneiden kann.

Krankheiten und mögliche Schädlinge

Krankheiten und Schädlingsfraß sowie Läuse sind bei den Pinaceae an der Tagesordnung. Die Prozessionsspinner führen dabei den Reigen an.

Crataegus

Der Weißdorn gehört zu Familie der Rosaceae und lässt sich schön zu Wolkenformen erziehen. Er ist sommergrün und seine weißen Blüten bilden zarte Doldenrispen auf den zweijährigen Trieben. Bei uns findet man diese Wildpflanze nur selten in Baumschulen. In Westfrankreich bildet sie auf dem Land typische wilde Hecken.

Krankheiten und mögliche Schädlinge

Spannerraupen (Kleiner Froststpanner) ernähren sich von den Blättern des Weißdorns, ebenso die Larven von Blattwespen (*Caliroa annulipes*) oder der Rüsselkäfer (*Phyllobius*), aber ihre Fraßspuren sind im Allgemeinen nicht schwerwiegend. Mancher Sporenbefall ist für fleckige Blätter verantwortlich, vor allem die Entomosporium-Blattbräune. Feuerbrand, ein bakterieller Befall, ist bei dieser Heckenpflanze sehr selten. Nichtveredelte Exemplare sind am ehesten von dieser Erkrankung betroffen.

Cedrus atlantica

Ilex crenata

Die Japanische Stechpalme kommt aus dem Fernen Osten und ist bis −20 °C winterhart. Sie trägt kleine, länglich-lanzettliche immergrüne Blätter. Wenn Sie zufällig einen *Ilex* besitzen, dann setzen Sie die Pflanze am besten ins Freiland. Die aus Asien importierten, wolkenförmig geschnittenen *Ilex crenata* sind anfällig. Überlegen Sie sich die Investition in eine solche Art gut, denn das häufig auftretende, rasche Eingehen der Pflanze ist enttäuschend. Es sieht so aus als vertrügen die Pflanzen den Klimawechsel nicht, was ihre Anpassung, ganz anders als bei der Mädchenkiefer, *Pinus parviflora,* sehr schwermacht. Die Lebenserwartung einer Japanischen Stechpalme in unseren Breiten liegt bislang bei etwa zehn Jahren. Dennoch ist die Arbeit an dieser Pflanze in ihrem Heimatland aufgrund der Wuchsgeschwindigkeit und der schönen grünen Blätter mit silberner Rückseite interessant. Wolkenförmige Gestaltungen bei dieser Art sind in unseren Breiten zwar verlockend, aber kurzlebig.

Krankheiten und mögliche Schädlinge

Vom Eingehen einmal abgesehen, kann *Ilex crenata* auch von Spinnmilben, Schildläusen und Blattläusen befallen werden. Manchmal greift diesen Strauch auch die Wurzelfäule an, wenn der Boden staunass ist.

Prunus lusitanica

Die Portugiesische Lorbeerkirsche aus der Familie der Rosaceae ist ein Zierbaum von kegelförmiger Gestalt mit hübschem, sehr robustem immergrünem Blattwerk. Sie wächst langsam und kann unter günstigen Bedingungen 10 m hoch werden. Dank seiner Heimat wächst dieser Baum eher bei mildem und feuchtem Klima in der Sonne auf frischen und gut entwässerten, gegebenenfalls kalkhaltigen Böden. Diese Art verträgt es wunderbar, wenn man sie zu Hecken, Zierformen oder wolkenförmig schneidet. Bei diesem Baum erzielen Sie gute Erfolge bei der Umsetzung der grafischen Struktur und der Wolken.

Krankheiten und mögliche Schädlinge

Prunus lusitanica ist ziemlich resistent, kann aber bei humosen Böden mit Kompost oder Pflanzerde von Rüsselkäferlarven befallen werden, welche nachts die Wurzel abnagen. Mehltau kann im Frühling die jungen Triebe in taunassen Morgenstunden oder an heißen Nachmittagen schädigen. Seltener sind morsche Stellen an den Schnittwunden zu befürchten.

Quercus ilex

Stein-Eichen, *Quercus ilex,* sind schöne immergrüne Bäume aus dem Mittelmeerraum. Schell wachsend und langlebig, kann eine Stein-Eiche gut 1500 Jahre und mehr erreichen, sofern sie sich gut in fettem und tiefem Böden etabliert hat. Sie ist mäßig winterhart und verträgt niedrige Temperaturen bis −12 °C. Eine wolkenförmig geschnittene Stein-Eiche mit kraftvoller, wohlgeformter Statur trägt Blätterwolken, die ihrer beeindruckenden Natur entsprechen.

Krankheiten und mögliche Schädlinge

Hier gibt es nichts zu vermerken. Der Baum ist widerstandsfähig gegen Krankheiten und Fraßinsekten. Seine Kultur ist einfach.

Rosmarinus officinalis

Rosmarin gehört zur Familie der Lamiaceae. Das aromatisch duftende Bäumchen kommt ursprünglich aus dem Mittelmeerraum und wird maximal 1,50 m hoch. Da es wild auf den Halden der Garrigue wächst, braucht es in den Gärten nur steinige, trockene Böden und einen vollsonnigen Standort. Rosmarin ist nur in milden Gegenden winterhart und verträgt auch kontinentales Klima. Der Busch lässt sich gut schneiden, sowohl als Zierschnitt als auch als Bonsai, oder als kleiner duftender Baum mit wolkenförmiger Gestaltung. Er sieht zauberhaft in Kübeln oder in Mauerritzen aus. Zu Beginn der Blüte im Frühsommer färben sich die Wolken dezent in blassem Blauviolett oder Weiß vor dem grau-grünen Hintergrund der Blätter. Der graue Stamm schält sich in Streifen, sodass sich ein hübsches, gewundenes, graugrünes, ziemlich glattes Holz zeigt. Vorsicht bei Schnee! Das Holz bricht unter der weißen Last.

Krankheiten und mögliche Schädlinge

Der hübsche, etwas lästige Rosmarinkäfer der Gattung *Chrysomela* kann über die Blätter des Rosmarins herfallen. Zum Schutz des Rosmarins sammeln Sie ihn von Hand ab, sobald Sie das erste Exemplar sichten.

Von selbst in einer Mauer aufgegangen, wird dieser 16 Jahre alte Rosmarin seit seinem Keimen geformt.

Picea pungens

Die Blau-Fichte gehört zu den Koniferen mit immergrünem Blatt, die in Nordamerika heimisch sind und in großen Höhen auf neutralen oder sauren, feuchten Böden mit einer Sand-Humus-Mischung gut gedeihen. Die Art ist winterhart und verträgt See- sowie Gebirgsklima und kontinentales Klima mit sehr niedrigen Temperaturen. Dieser Baum von ausgewogener Statur wird ausgewachsen etwa 2 m hoch und 2 m breit, bildet also fast einen perfekten Kegel. Der schuppige, grau-purpurfarbene Stamm ist sehr dekorativ und die Äste eigenen sich perfekt für den wolkenförmigen Schnitt, ebenso wie das schöne Nadelkleid. Es ist auffällig blau, kurz, dicht und ziemlich stechend zugespitzt. Daher auch der lateinische Beiname *pungens* (= stechend).

Krankheiten und mögliche Schädlinge
Der vorherrschende Schädling ist bei Hitze und Trockenheit der Riesenbastkäfer (*Dendroctonus micans*), der meist erst erkannt wird, wenn es für eine Bekämpfung bereits zu spät ist. Der Befall durch die Sitkafichtenlaus führt zu einem Abfallen der Nadeln. Eine frühzeitige Bekämpfung mit Nützlingen ist möglich. Der Baum ist außerdem anfällig für einige Erkrankungen, wobei eine durch Pilze ausgelöste Rotfärbung der Nadeln am häufigsten auftritt. Auch können sich an den Stümpfen vom Ausasten oder nach ungünstigem Wetter Nadelholz-Porlinge entwickeln. In solchen Fällen entfernen Sie unverzüglich die Kappe des Pilzes und schaben das darunterliegende Holz aus.

Platanus × acerifolia

Die Gewöhnliche Platane, ein hoher sommergrüner Laubbaum, kann bis zu 25 m hoch werden und ist eine Hybride aus Morgenländischer und Nordamerikanischer Platane. Sie verträgt Luftverschmutzung sehr gut und prägt daher Städte- und Straßenbilder. Überwiegend trifft man sie aber im Mittelmeerraum an, wo sie wegen des raschen Wachstums als Schattenspender geschätzt wird. Sie braucht Licht, Wärme, Feuchtigkeit und bevorzugt eher lehmige Böden. Beim wolkenförmigen Schnitt entsprechen die eher als Diskus angelegten Laubmassen in der Größe dem Gesamtbild. Ihre markante graugrüne Borke ist ausgesprochen wirkungsvoll. Sie reißt auf und bildet Platten, zwischen denen hellere Bereiche sichtbar werden. Das Ausasten verträgt der Baum wunderbar. Daher bietet er sich für den wolkenförmigen Schnitt an, solange man ein großes Grünvolumen im Verhältnis zur immensen Blattgröße akzeptiert. Man kann die Äste zu grünen Scheiben erziehen.

Krankheiten und mögliche Schädlinge
In Südfrankreich wurden unzählige Platanen vom Platanenkrebs befallen. Er stellt für alle europäischen Platanen eine Gefahr dar. Diese Gefäßkrankheit befällt die Leitungsbahnen der Bäume und führt zum unausweichlichen Absterben des Individuums. Derzeit kann nur die Genetik wirksam vorbeugen. Durch die Kreuzung von Morgenländischer und Nordamerikanischer Platane wurden resistente, erprobte Sorten gezüchtet. Sie tragen den Sortennamen PLATANOR® 'Vallis clausa'. Außerdem gibt es einige Blattkrankheiten bei Platanen, darunter Anthraknose und Mehltau. Das schlimmste Fraßinsekt ist *Corythucha ciliata*, die Platanen-Netzwanze. Diese Wanze sticht im Frühling die Blätter an und verursacht die Entfärbung der Blätter sowie schwärzliche Exkrementablagerungen.

Platane im Gestaltungsprozess.

Erkrankungen und mögliche Gefahren

Bei bestimmten Koniferen

Pilzinfektionen

Pinus-Arten sind manchmal von Erkrankungen betroffen, die durch verschiedene Pilze verursacht werden. Die Rötfäule, ausgelöst durch den Gemeinen Wurzelschwamm *Heterobasidion annosum* (= *Fomes annosus*), und die von *Armillaria* (Hallimasch) ausgelöste Fäule zeigen sich durch das Abfaulen der Wurzeln und später das Vertrocknen des Wipfels und der Zweigspitzen. *Phytophthora*, ein anderer, gefährlicher, pathogener Pilz, entwickelt sich vor allem auf Kiefern, die in Kübeln kultiviert werden. Er verursacht das Verkümmern des Wurzelhalses und der Wurzeln. Auch andere Pilze können die Bäume irreversibel schädigen. Kräuselrost an den Zweigen durch *Melampsora pinitorqua*, Strobenrost durch *Cronartium ribicola, C. flaccidum*, Fäule im Kernholz durch den Kiefern-Feuerschwamm *Xanthochrous pini* sowie Kiefernschütte durch *Lophodermium seditiosum* und die Nadelbleiche durch *Scirrhia pini* zählen zu den häufig auftretenden Krankheiten. In allen Fällen sollte man je nach Ausmaß des Befalls nach einer genauen Diagnose die betroffenen Partien behandeln oder abschneiden und verbrennen. Damit die umstehenden Bäume nicht angesteckt werden, sollte bei diesen direkt nach dem Entdecken der Erkrankungen eine gute Prophylaxe durchgeführt und gegebenenfalls ein Fungizid versprüht werden.

Schadinsekten

Die Raupen der Prozessionsspinner sind verheerend. Ihre seidigen Winternester sind mit bloßem Auge gut zu erkennen. Die Larven fressen die Nadeln ab, spinnen ihre Seidenfäden zu einem großen Kokon und hinterlassen sterbendes braunes Blattwerk. Manche Raupenarten saugen Triebe und Blätter aus und kräuseln sie ein, wieder andere bohren sich ins Holz und lassen den Baum bluten, wodurch Gallen entstehen und das Wachstum einschläft. Fraßinsekten wie Borkenkäfer (Scolytidae) und Kapuzenkäfer (Bostrychidae) bohren Gänge in Holz, was die Versorgungsbahnen des Baumes unterbricht und zum fortschreitenden Absterben der Äste und dann des Baumes führt. Schildläuse an der Rinde beschleunigen das Sterben der geschwächten Koniferen. Die Kolonien dieser Insekten sammeln sich unter den Blättern und zarten Trieben, wo sie den Pflanzensaft aktiv heraussagen. In Baumschulen kann der Große Fichtenrüssler (*Hylobius abietis*) unterschiedliche Sorten befallen. Das erwachsene Tier frisst die Rinde des Stamms ab, die Larven saugen auf Höhe des Wurzelhalses den Saft aus, besonders an alten Stämmen.
Schildläuse kann man bei geringer Anzahl von Hand von der Rinde ablesen, andernfalls sollte man Wasser mit Hochdruck einsetzen. Eine Behandlung im Winter mit biologischen Insektiziden auf der Basis von Vaselinölen oder Rapsöl ist ebenfalls möglich. Gegen den Prozessionsspinner sei nochmals auf die Strategie verwiesen, die auf Seite 76 unter *Pinus mugo* beschrieben ist. Um die Entwicklung der Borkenkäfer zu verhindern, sollte man totes Holz nicht liegen lassen. Nach einem Sturm wird es eingesammelt und verbrannt.

Bei *Juniperus*-Arten

Pilzinfektionen

Die Pilzerkrankungen der Wacholder werden von unterschiedlichen Pilzen ausgelöst. Wacholderrost ist nicht zu unterschätzen, weil er zum Absterben der Zweige und Blätter führt. Er entwickelt sich hauptsächlich von Frühling bis Spätsommer. Auf den Blättern bilden sich Pusteln, die nach dem Platzen die Krankheit verbreiten. Der Rost kann so stark werden, dass der Wacholder alle Blätter verliert, die jedoch im Lauf der Zeit mehr oder weniger gut nachtreiben. Entfernen und verbrennen Sie bei den ersten Symptomen alle betroffenen Partien.
Der *Phytophthora*-Pilz befällt besonders anfällige Pflanzen, die auf schweren, verdichteten und zu Staunässe neigenden Böden stehen. Fahlgrüne Verfärbungen, dann Verbräunungen und schließlich das komplette Absterben der Pflanze sind die Folgen. In einem solchen Fall reißen Sie den Baum aus und lassen das Pflanzloch mindestens ein Jahr lang offen und leer. Setzen Sie später eine dagegen resistente Konifere.

Schädliche Insekten und Spinnmilben
Bei den Wacholder-Schädlingen handelt es sich überwiegend um Milben, Schildläuse, Blattläuse, minierende Raupen und holzfressende Käfer wie Pracht- und Borkenkäfer (Buprestidae, Scolytidae), auf deren Spuren man vor allem bei Wacholdern unter schlechten Kulturbedingungen achten sollte. Um den Befall durch Milben nachzuweisen, schüttelt man die Äste auf ein weißes Blatt Papier ab, die Milben fallen dann frei herunter. Die Milben zapfen das Pflanzengewebe an und hinterlassen an den Blättern graue oder kupferrote Stellen. Sie vertrocknen und fallen ab. Spinnmilben (*Tetranychus urticae*) verursachen das Verkümmern der Pflanzen. Man erkennt sie an einem Gespinst an der Pflanze. Versuchen Sie die schädlichen Spinnentiere dadurch loszuwerden, dass Sie die Pflanzen reichlich mit Wasser abspritzen. Man kann auch ein Antimilben-Präparat aufbringen. Schildlausbefall erkennen Sie leicht. Diese Insekten tragen einen braunen oder gelblichen Panzer und sitzen fest zwischen den Blattschuppen oder auf der Rinde der Zweige. Sie schwächen die Pflanzen durch Aussaugen des Pflanzensaftes.
Minierende Larven bohren Gänge in die feinen Pflanzenorgane. Man kann sie nur schwer bekämpfen. Ein wirksames Mittel gibt es nicht, darum schneidet man am besten die betroffenen Stellen ab und verbrennt sie, sobald sich die Symptome zeigen. Das reduziert die Population und verhindert die Vermehrung. Der Prachtkäfer *Palmar festiva* befällt den Wacholder, indem er seine Eier unter Borke oder Rinde ablegt. Die Larven ernähren sich vom Splintholz und fressen ringförmige Minen, was zum Anschwellen der Rinde führt. Entfernen und verbrennen Sie die befallenen Partien.

Bei *Cupressus*-Arten

Krankheiten der Zypressen
Pilzerkrankungen an Zypressen können die Sämlinge von *Cupressus sempervirens* schon direkt nach dem Keimen in einer Baumschule vernichten. Je nach Zypressen-Art können bei feuchter Witterung an erwachsenen Bäumen auch Triebe und Äste verdorren, was durch Bodenpilze ausgelöst wird. Um das Faulen zu verhindern, muss man den Boden vor dem Pflanzen gut entwässern. Die Behandlung der Anzuchterde vor dem Säen oder Setzen der Stecklinge mit einem Fungizid auf der Grundlage von Propamocarb-HCl ist möglich. Andere Pilze verursachen bei geschwächten Exemplaren, die an feuchten Standorten kultiviert werden, die Fäule des Holzes. *Armillaria* (Hallimasch) verursacht Fäule und lässt den Zypressen kaum eine Überlebenschance. Auch der Pilz *Seiridium cardinale* ist ein gefährlicher Parasit. Durch ihn entsteht Zypressenkrebs. Seit den 1940er-Jahren in Europa verbreitet, hat dieser mikroskopisch kleine Pilz verheerende Schäden unter den mediterranen Zypressenbeständen angerichtet, vor allem bei *Cupressus macrocarpa* und *C. sempervirens*. Die Erkrankung zeigt sich durch das Austrocknen der Zweige und einiger Stellen der Krone mit starker Harzbildung auf den befallen Rindenpartien. Zur Behandlung gibt es keine Mittel. Nur Kupfer ist wirksam, muss aber vorbeugend, z. B. nach dem Schnitt, aufgebracht werden. Sobald Sie den Befall bemerken, entfernen und verbrennen Sie die infizierten Teile, um die Ausbreitung zu verhindern. Führen Sie die Behandlung bei trockenem Wetter durch.

Häufige parasitäre Schadinsekten
Rindenläuse stechen die Pflanzen an und saugen den Saft. Dadurch sterben Triebspitzen, später auch größere Bereiche ab, bis hin zum völligen Absterben des Baums. Borkenkäfer (Familie Scolytidae) befallen überwiegend durch schlechte Kulturbedingungen geschwächte Zypressen. Zur Ernährung bohren sie zahlreiche Gänge in das Holz. Entfernen und verbrennen Sie die betroffenen Partien.

Bei *Taxus*-Arten

Krankheiten
Von *Phytophthora*, den Erregern der Wurzel- und Wurzelhalsfäule einmal abgesehen, sind Eiben sehr krankheitsresistent. Wenn sich die Nadeln Ihrer Eibe gelb färben, reduzieren Sie die Bewässerung und durchlüften Sie den Boden. Das Ersticken der Wurzeln durch Wasserüberschuss ist vor allem bei Kübelpflanzen mit einem sehr torfhaltigen Substrat eine große Gefahr. Außerdem sollten Sie eine Eibe mit gelbgoldenem Blattkleid nicht im Schatten platzieren, da sie sonst vergrünt. Erforderlichenfalls zögern Sie nicht, sie umzusetzen.

Schadinsekten
Eiben sind winterhart. Auf den Befall durch parasitäre, gespinstbildende oder laubfressende Insekten reagieren sie robust ohne groß Schaden zu nehmen. Ihre gefährlichsten Schädlinge sind Schildläuse. Diese Pflanzensauger heften sich an die Rinde der Zweige und verursachen eine Braunfärbung des Laubs. Aufgrund des dichten Laubwerks und der schützenden Schilde ist es schwierig, die befallenen, holzigen Stellen zu entdecken und die Läuse mechanisch zu entfernen.

Register

Dank

Christian dankt Marie-Claude für die künstlerische Seelenverwandtschaft seit dem ersten Zusammentreffen in der Gartenbuchhandlung Librairie des Jardins und Françoise Simon, der Muse dieses außergewöhnlichen Ortes. Sein Dank gilt auch Erik Borja für alle „Unterweisungen zum Zen-Garten", Paul und Françoise Maurer für ihre Bilder und David für seine tagtägliche Mitarbeit, Antoine Bourne für seine Ermutigungen, seiner Frau Cathy sowie Antoine d'Isambert.

Marie-Claude dankt Christian für die künstlerische Begegnung rund um seine Pflanzenskulpturen und Françoise Simon, der wunderbaren Seele der Buchhandlung Librairie des Jardins in den Tuilerien-Gärten. Ihr Dank geht auch an Sha Li, ihren Lehrer und Meister der Chinesischen Kalligrafie, an Magalie, Jean-Pascal, Évelyne, Paul und an David wegen seiner Philosophie, an die Natur und die Bäume sowie an Antoine Isambert für sein Vertrauen.

Nützliche Adressen

- Die Baumschule von Christian Coureau befindet sich in der Region Drôme:
  Les Basses Rives, 26300 St Mamans. Angaben zu seinen Werken und den Kursen finden Sie auf der Internet-Seite www.coureau.com.

Baumschulen in Deutschland

- Baumschule New Garden, Prozessionsweg 62,
  46325 Borken-Weseke
  www.baumschule-newgarden.de
- Baumschule Lorenz von Ehren, Malfeldstraße 4,
  21077 Hamburg
  www.LvE.de
- Baumschule-2000, Elke Elsen, Waldenauer Weg 18,
  25421 Pinneberg
  www.baumschule-2000.de
- Baumschule G. D. Böhlje, Oldenburger Straße 9,
  26655 Westerstede
  www.boehlje.de
- Schmitt Garten- und Landschaftsbau, Baumschule,
  Forchheimer Straße 9, 91090 Effeltrich
  www.baumschule-schmitt.com

Bildnachweis

Alle Aufnahmen, inkl. den Titelfotos, von Paul Maurer mit Ausnahme der Abbildung Seite 22: Christian Coureau, Seite 11: Musée Guimet, RMN, Paris.

Bibliografische Information der Deutschen Nationalbibliothek

Die Deutsche Nationalbibliothek verzeichnet diese Publikation in der Deutschen Nationalbibliografie; detaillierte bibliografische Daten sind im Internet über http://dnb.d-nb.de abrufbar.

Die französische Originalausgabe erschien unter dem Titel „Christian Coureau, Marie-Claude Eyraud, La taille des arbres en nuage".

Wollgrasweg 41, 70599 Stuttgart (Hohenheim)
E-Mail: info@ulmer.de
Internet: www.ulmer.de
Übersetzung: Sabine Hesemann
Lektorat: Sabine Drobik, Doris Kowalzik
Herstellung: Ulla Stammel
Umschlagentwurf: red.sign, Stuttgart
Satz: r&p digitale medien, Echterdingen
Druck und Bindung: Printer Trento S.r.l., Trento
Printed in Italy

ISBN 978-3-8001-8081-3